KB212631

아이의 눈이 좋아지는 놀이책

1권

아이의 눈이 좋아지는 놀이책

1권

이혁재 지음

오렌지연필

머리말

몸에 이상이 생기면 우리는 병으로 인식하고 열심히 치료합니다. 그런데 아이들의 시력에 대해서는 의외로 가볍게 생각하는 경우가 많습니다. 눈이 나빠지면 안경을 쓰는 걸 너무 당연하게 여기고 있는 것입니다.

안경은 몸이 아플 때 쓰는 보조기구와 다르지 않습니다. 다시 건강해지면 보조기구는 당연히 쓰지 않아야 합니다. 보조기구가 좋다고 평생 하고 다니겠다는 사람은 아마 없을 것입니다. 부모님들이 이런 마음을 가질 때 우리 아이들의 시력은 개선될 수 있습니다.

기능이 떨어지면 병이 들고 기능이 좋아지면 건강해지는 이치, 이는 몸이든 시력이든 모두에 해당합니다.

예로부터 '눈은 마음의 창'이라고 했습니다. 눈을 보면 온몸의 건강을 알 수 있을 정도로 시력이 우리에게 주는 의미는 크다고 할 수 있습니다.

요즘 들어 우리 아이들의 시력이 급속히 떨어지고 있습니다. 가장 큰 이유는 생활 습관, 환경의 변화 등 후천적 요인 때문입니다.

'세 살 버릇 여든 간다'는 속담이 있습니다. 어릴 때 바른 습관과 좋은 환경을 만들어 주고 문제가 생겼을 때 적절히 치료해 준다면, 아이들의 시력을 건강하게 유지할 수 있습니다.

이 책에는 재미있는 이야기와 더불어 시력 개선에 도움 되는 특별한 미션들이 체계적으로 담겨 있습니다. 처음부터 끝까지 한 번 이상 매일 반복해서 본다면, 아이들 자신도 모르는 사이 시력이 좋아질 것입니다.

이 책을 통해 우리 아이들이 밝고 건강한 눈을 유지하며 좀 더 행복하게 자라나길 바랍니다.

한의사 **이혁재**

이 책을 보기 전에

1. 준비 운동

▷ 바른 체형 운동

아이들의 앉은 자세를 보면, 다음과 같은 경우가 많습니다.

허리는 구부정하고 턱은 들고 있습니다. 목이 바르게 서 있지 못하고 뒤로 꺾인 상태가 됩니다.

경추가 바르지 못하면 몸에서 경추를 타고 머리로 올라가는 혈액 림프액 등의 진행이 원활하지 못하고 신경 또한 압박을 받습니다.

집중력 저하, 만성비염, 만성중이염, 시력 저하 등의 증상은 바르지 못한 자세와 밀접한 관계가 있으므로 경추와 허리를 바르게 하는 훈련을 자주 해 주는 것이 좋습니다.

허리 내민 자세

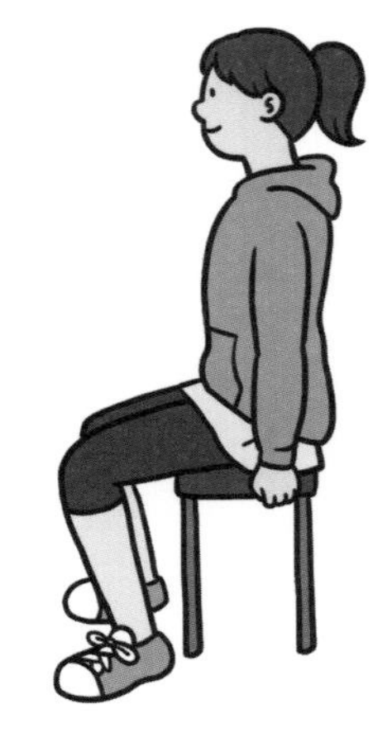

바른 자세

구부정한 자세

▷ 목 운동

그림처럼 목을 왼쪽, 오른쪽, 위쪽, 아래쪽으로 손을 사용하여 당겨 주세요.
각각 3초씩 총 3회를 하면 됩니다.

▷ 바른 척추 운동

목에서부터 허리까지 벽에 완전히 밀착한 상태에서 무릎을 구부렸다 폈다 하는 동작을 10회 합니다.

▷ 바른 어깨 운동

양손을 깍지 낀 상태에서 손과 어깨를 동시에 올렸다가 내리는 동작을 10회 합니다.

2. 이 책의 눈 훈련 구성

▷ 3대 눈 근육 훈련

a. 모양체근 훈련

수정체를 붙잡고 있는 모양체근(조절근)은 수정체의 모양을 볼록하거나 얇게 만들어서 멀리 보고 가까이 보는 데 도움을 주는 근육입니다.

이 근육의 힘을 키워 주기 위해 원근 운동을 합니다.

책을 보다가도 수시로 먼 곳을 바라보는 습관을 가지면 좋습니다.

책 내용 중 큰 물체와 작은 물체를 번갈아 보는 것이 원근 운동에 해당합니다.

b. 눈 근육 훈련

안구를 둘러싸고 있는 6개의 눈 근육 훈련으로, 안구의 기능 및 시력을 개선하는 데 도움을 줍니다.

주로 팔자 눈 근육 운동을 합니다.

이 책에 시력측정표와 비슷한 모양으로 된 원근 운동과 팔자 눈 근육 훈련이 포함되어 있으므로 아이들이 책을 볼 때 반드시 하고 넘어갈 수 있도록 유도해 주시기 바랍니다.

c. 안륜근 훈련

눈 주위를 둘러싸고 있는 안륜근 훈련은 눈의 긴장을 풀어 주고 눈의 기능을 회복하는 데 도움을 줍니다.

* 손바닥을 따뜻하게 비벼서 양쪽 눈을 20초 정도 감싸 줍니다.

* 태양혈, 양백혈, 찬죽, 솔곡, 완골혈, 사백혈을 손가락으로 가볍게 지압해 줍니다.

아이가 책을 보고 쉴 때마다 바로 해 주면 좋습니다.

우선 아이를 침대에 편안히 눕게 한 후 양쪽 손가락으로 눈 주위의 경혈을 지압해 줍니다.

지압을 마치면 양 손바닥을 빠르게 비벼서 따뜻하게 만든 후 아이의 감은 눈 위에 살짝 올려 주세요.

엄마 아빠의 사랑이 깃든 최고의 원적외선 찜질이 됩니다.

지압과 손바닥 찜질은 총 5분 이내로 하면 됩니다.

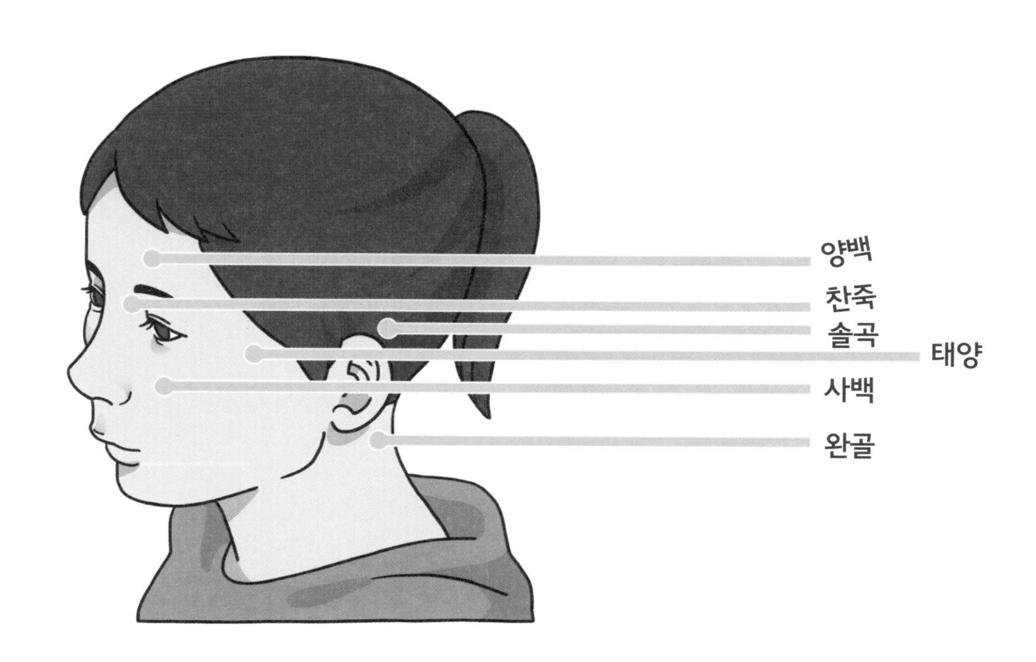

d. 시신경 기능과 상을 분석하는 뇌 기능의 향상 훈련

사물을 볼 때 우리는 눈과 뇌로 동시에 봅니다.

시력은 눈 자체의 기능과 뇌의 기능이 좋을 때 최고의 결과가 나옵니다.

시력을 주관하는 뇌 기능의 향상 훈련에 해당하는 것이 이 책에 담긴 숨은그림찾기, 틀린 그림 찾기, 미로입니다.

이 훈련에서 중요한 점은 반드시 바른 자세로 해야 한다는 것입니다.

3. 이 책을 볼 때 반드시 지켜야 할 것들

▷ 적절한 조도

책을 볼 때 적절한 조도가 유지돼야 하는데, 300룩스 정도의 조도가 적당합니다.

▷ 바른 자세

반드시 몸에 맞는 책걸상을 사용해야 하며 최대한 허리를 펴고 어깨를 젖히고 턱을 당기는 자세가 좋습니다. 특히, 훈련할 때 머리를 최대한 움직이지 말고 눈만 움직여 보도록 합니다.

▷ 책과의 거리

책을 보는 거리는 30센티미터 이상이어야 합니다.

시력이 양호하다면 40센티미터 이상 거리를 두고 보는 것도 좋습니다.

시력이 약한 어린이라도 최소 30센티미터 거리에서 보는 것이 좋습니다.

▷ 책 보는 시간

아이들이 책을 볼 때 처음에는 30센티미터 이상 멀리 떨어져서 보다가도 시간이 지날수록 책과 눈 사이의 거리가 가까워지는 경우가 많습니다.

부모님들은 아이가 책의 내용에 심취해서 책 속에 푹 빠져 있다고 생각할지 모르나, 사실 이는 눈 근육이 경직되고 수정체가 통통해지면서 처음보다 더 가까이에서 보아야 초점이 더 잘 맞는 현상이 생기기 때문입니다.

이를 방지하기 위해서라도 이 책을 볼 때는 15분 보면 반드시 5분 이상 쉬어야 합니다.

쉴 때는 반드시 먼 곳을 자주 응시하는 습관을 들이면 더욱 좋습니다.

▷ 자율신경과 시력의 관계

조절근인 모양체 근육은 자율신경의 지배를 받습니다.

특히 교감신경이 항진돼 있는 경우 짜증을 많이 내고 참을성이 없고 성격이 급해지는 경향이 있는데, 이럴 때 모양체 근육의 기능에 영향을 미쳐 수정체를 조절하는 기능이 약해지기 쉽습니다.

실제로 스트레스를 많이 받거나 격하게 화를 내면 심장박동이 증가하고 눈이 침침해지는 현상을 경험하게 되는데, 교감신경의 항진으로 오는 결과입니다.

조절력을 원활하게 만들려면 이완 훈련을 통해 스트레스를 풀고 자율신경을 정상 수준으로 만들어 주는 노력이 필요한데, 이때 가장 중요한 것이 호흡입니다.

평상시 천천히 깊게 숨을 들이마시는 심호흡을 5회~10회 정도 해 준다면 경직된 자율신경이 이완되면서 조절력에 도움을 주고 눈 훈련의 효과를 높일 수 있습니다.

등장인물

★ 홍채완(남 / 11세)

활발하고 오지랖 넓은 호기심쟁이이자 어떤 상황에서도 용기를 잃지 않는 타고난 씩씩이. 신기하고 재미있는 미스터리 사건을 좋아해서 장래 희망이 기자다. 동네에서 최고로 엉뚱한 발명가 지누쌤과 친한 탓에 종종 황당한 사건에 휘말린다.

★ 김보나(여 / 11세)

채완과 어린이집 시절부터 함께해 온 소꿉친구. 공부는 물론 운동도 잘하고 성격 또한 야무진 만능 소녀. 장래 희망은 우주 비행사로, 우주선을 타고 우주 여행을 하는 게 꿈이다. 산타클로스는 없어도 외계인은 있다고 믿는다.

★ 지누쌤(남 / 40세)

유쾌하고 엉뚱한 발명가. 일단 꽂히면 무서운 집중력을 발휘하여 세기의 발명을 해 내는 능력자다. 학교 선생님은 아니지만, 아는 게 많고 뭐든 잘 만들어서 동네 사람들에게 지누쌤으로 불린다. 하지만 철딱서니 없이 굴 때가 많다. 그러다 보니 오히려 채완과 보나가 더 어른스러울 때도 있다.

★ 삐약이(우주 병아리)

채완과 보나가 우연히 주운 알에서 나온 병아리. 사람처럼 말하고 생각하는 데다 심지어 똑똑하기까지 하다! 9QMT624 우주의 꼬꼬별에서 온 우주 병아리이지만, 지구 불시착으로 기억 일부를 잃어 버렸다. 그래서 아는 것보다 모르는 게 더 많다. 가끔 자신도 모르는 특수한 능력을 발휘한다.

차례

1. 하늘에서 날아온 알

“야, 김보나!”

보나는 등 뒤에서 자기 이름을 부르는 소리에 발을 딱 멈추었어요. 돌아보지 않아도 누군지 알 수 있었지요. 소꿉친구이자 웬수 홍채완! 아니나 다를까, 채완이가 헐떡이며 보나 옆으로 뛰어왔어요. 얼마나 급하게 뛰었는지 숨이 턱까지 차올라 말을 못 했지요.

“헉헉…… 내, 내가…… 허억, 있잖아…….”

“야, 쉬었다가 말해. 너 숨넘어가겠다.”

보나가 차분하게 채완이를 진정시키려고 했지만, 채완이는 손을 세게 휘휘 내저으며 잔뜩 들뜬 목소리로 외쳤답니다.

“내가 봤어, 봤다고!”

“뭘?”

“UFO!”

"야, 김보나!"

보나는 등 뒤에서 자기 이름을 부르는 소리에 발을 딱 멈추었어요. 돌아보지 않아도 누군지 알 수 있었지요. 소꿉친구이자 웬수 홍채완! 아니나 다를까, 채완이가 헐떡이며 보나 옆으로 뛰어왔어요. 얼마나 급하게 뛰었는지 숨이 턱까지 차올라 말을 못 했지요.

"헉헉…… 내, 내가…… 허억, 있잖아……."

"야, 쉬었다가 말해. 너 숨넘어가겠다."

보나가 차분하게 채완이를 진정시키려고 했지만, 채완이는 손을 세게 휘휘 내저으며 잔뜩 들뜬 목소리로 외쳤답니다.

"내가 봤어, 봤다고!"

"뭘?"

"UFO!"

글씨는 또박또박 읽을수록 좋습니다. 큰 글씨를 읽고 나면 바로 다음에 같은 내용의 작은 글씨가 있습니다. 잘 보이지 않더라도 최대한 처음 자세를 유지하며 다시 한 번 읽어요.
작은 글씨는 집중력 향상과 원근 운동이 됩니다. 반드시 작은 글씨를 읽고 넘어가야 합니다. 큰 글씨를 먼저 읽고 작은 글씨를 다시 읽는 형식은 이 책의 독특한 구성으로, 매우 좋은 방법입니다.

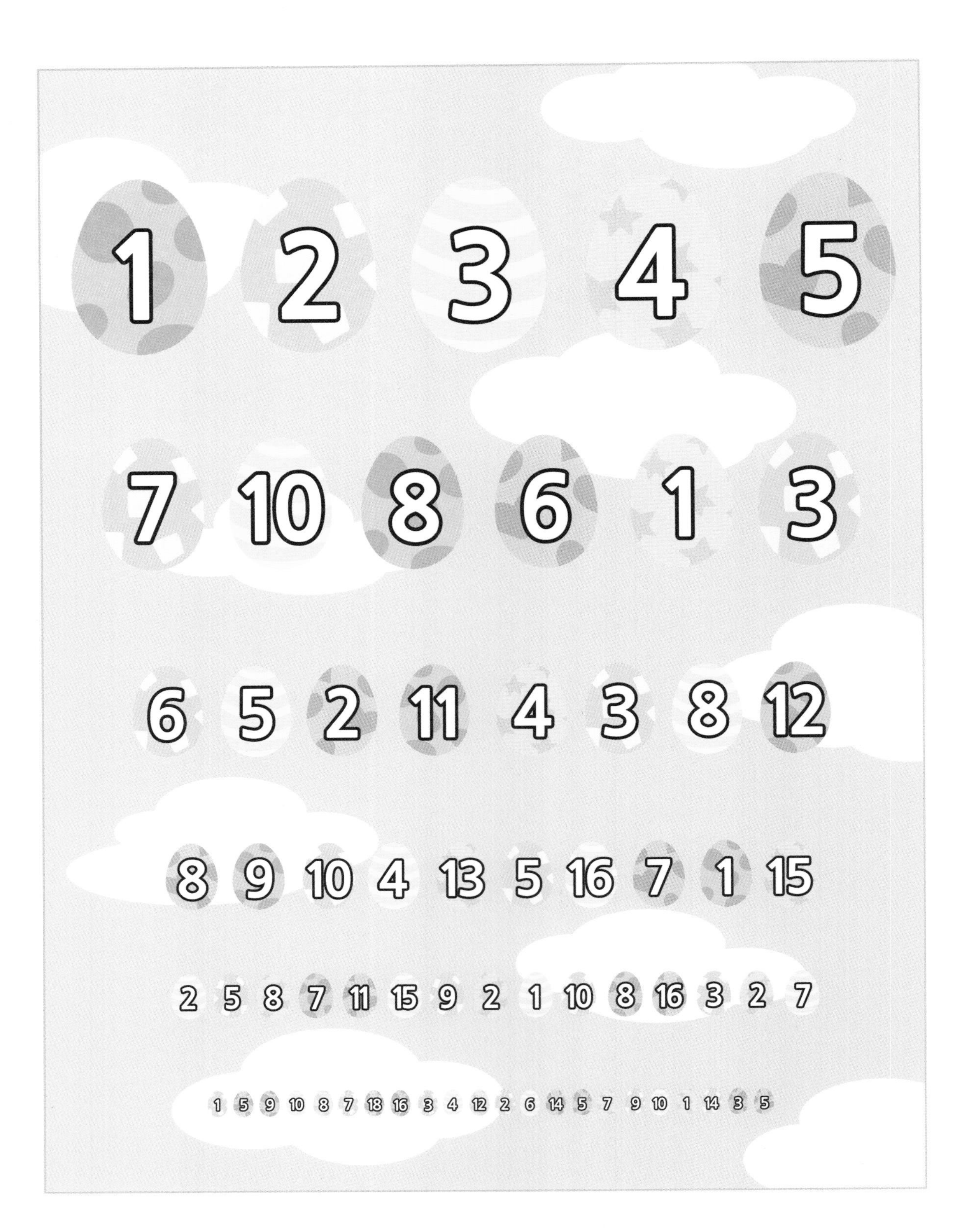

위에서부터 아래로 천천히 숫자를 따라가면서 보아요.
눈을 책에 가까이 가져가지 않으면서 잘 안 보이는 작은 그림을 최대한 보려고 노력해요.
최소 1분 이상 바라보아야 합니다.

우주선을 예쁘게 색칠해요.

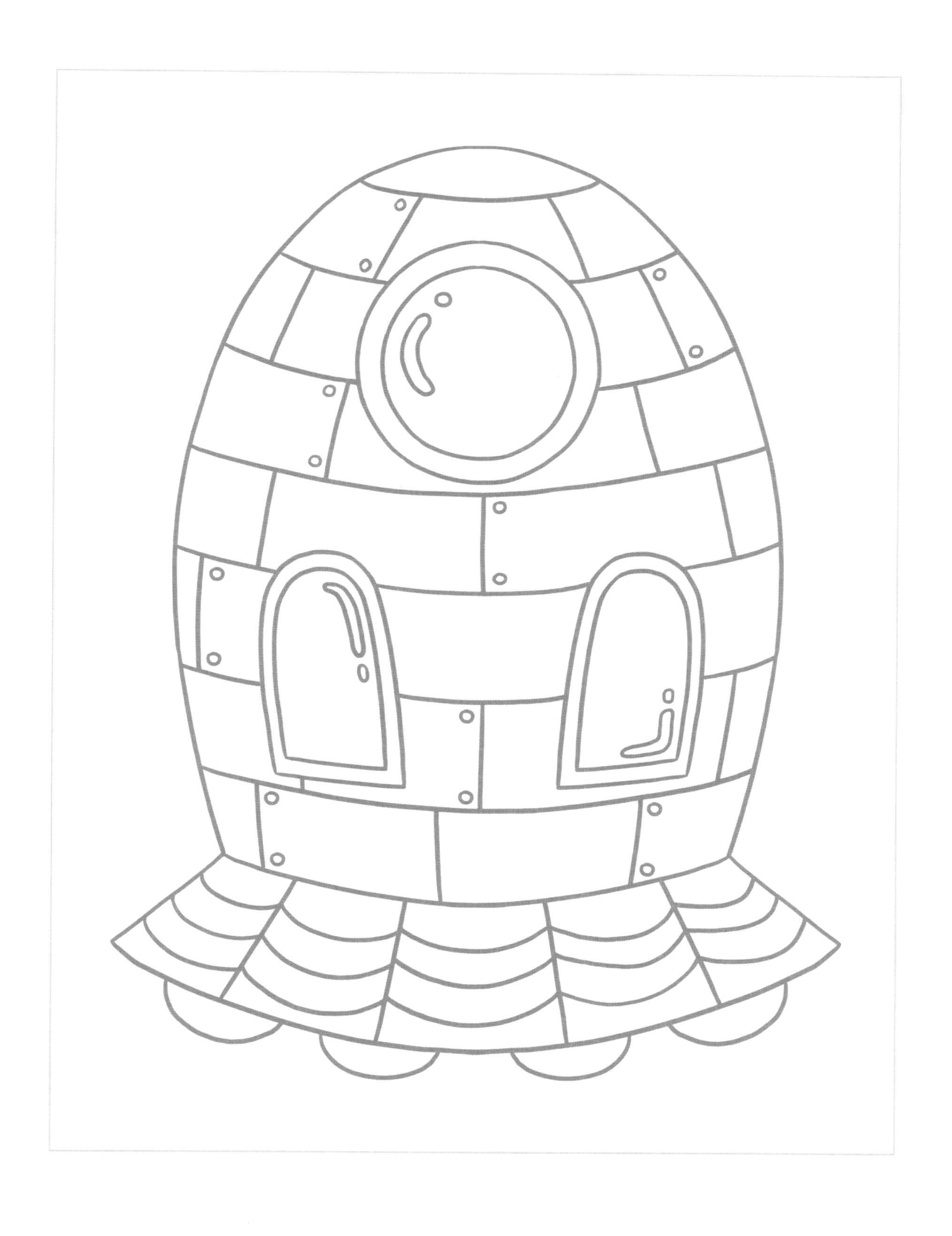

보나는 순간 너무 놀라 숨이 멎는 듯했어요. 저도 모르게 긴장해서 침을 꼴깍 삼키며 물었지요.

"뭐? UFO? 어디? 어디 있는데?"

채완이는 씩 웃더니 검지로 하늘 위를 가리켰어요. 보나는 얼른 채완이의 손가락이 가리키는 방향으로 올려다보았어요. 하지만 아무리 고개를 쭉 뻗고 살펴도 UFO로 보이는 물체는 없었지요. 햇빛이 쨍하게 쏟아지는 푸른 하늘 위에는 하얀 양떼구름만 뭉게뭉게 떠다니고 있었어요. 보나는 이맛살을 팍 찌푸렸어요.

"UFO가 어디 있다는 거야? 안 보이잖아. 홍채완, 너 나한테 거짓말했지!"

"아냐! 지금 구름에 가려서 안 보이는 거야. 잠깐만 기다려 봐. 금방 짠 하고 나타날 테니까."

채완이가 확신에 찬 목소리로 말했어요. 보나는 혹시나 하는 마음으로 다시 한 번 채완이가 가리키는 방향을 쳐다보았지요. 그렇게 얼마나 있었을까요. 느릿느릿 한가로이 떠가는 구름처럼 시간도 느릿느릿 굼뜨게 흐르는 것만 같았어요.

'UFO는 무슨…… 홍채완이 또 뭘 잘못 보고 호들갑 떠는 거겠지.'

잠시나마 기대했던 보나는 실망을 감출 수가 없었어요. 고개를 절레절레 저으며 발을 돌리려는 순간, 채완이가 외쳤어요.

"나왔다!"

보나는 반사적으로 고개를 번쩍 들었어요. 정말 양털처럼 하얗고 몽글몽글한 구름 사이로 뭔가가 반짝! 동시에 보나의 심장이 빠르게 쿵쾅쿵쾅 뛰기 시작했어요.

보나는 순간 너무 놀라 숨이 멎는 듯했어요. 저도 모르게 긴장해서 침을 꼴깍 삼키며 물었지요.

"뭐? UFO? 어디? 어디 있는데?"

채완이는 씩 웃더니 검지로 하늘 위를 가리켰어요. 보나는 얼른 채완이의 손가락이 가리키는 방향으로 올려다보았어요. 하지만 아무리 고개를 쭉 뻗고 살펴도 UFO로 보이는 물체는 없었지요. 햇빛이 쨍하게 쏟아지는 푸른 하늘 위에는 하얀 양떼구름만 뭉게뭉게 떠다니고 있었어요. 보나는 이맛살을 팍 찌푸렸어요.

"UFO가 어디 있다는 거야? 안 보이잖아. 홍채완, 너 나한테 거짓말했지!"

"아냐! 지금 구름에 가려서 안 보이는 거야. 잠깐만 기다려 봐. 금방 짠 하고 나타날 테니까."

채완이가 확신에 찬 목소리로 말했어요. 보나는 혹시나 하는 마음으로 다시 한 번 채완이가 가리키는 방향을 쳐다보았지요. 그렇게 얼마나 있었을까요. 느릿느릿 한가로이 떠가는 구름처럼 시간도 느릿느릿 굼뜨게 흐르는 것만 같았어요.

'UFO는 무슨…… 홍채완이 또 뭘 잘못 보고 호들갑 떠는 거겠지.'

잠시나마 기대했던 보나는 실망을 감출 수가 없었어요. 고개를 절레절레 저으며 발을 돌리려는 순간, 채완이가 외쳤어요.

"나왔다!"

보나는 반사적으로 고개를 번쩍 들었어요. 정말 양털처럼 하얗고 몽글몽글한 구름 사이로 뭔가가 반짝! 동시에 보나의 심장이 빠르게 쿵쾅쿵쾅 뛰기 시작했어요.

**우주에서 날아온 우주선들이 구름 사이에 숨어 있어요.
한번 찾아볼까요?**

저 반짝 빛나는 물체는 대체 뭘까요? 채완이의 말대로 정말 UFO일까요, 아니면 근처에서 누군가가 날리는 드론일까요? 그것도 아니면…… 설마 별똥별?

그때 놀라운 일이 벌어졌어요. 갑자기 바람이 거칠게 불더니 순식간에 하늘 위가 구름으로 뒤덮이며 어두컴컴해지지 않겠어요? 곧 구름 뒤편이 번쩍번쩍하는가 싶더니 급기야 우르릉우르릉 천둥까지 쳤어요. 한순간 뒤바뀐 날씨에 놀란 보나와 채완이가 멈칫한 그때! 어둑어둑한 회색 구름을 뚫고 빛나는 뭔가가 폭 튀어나왔어요!

"어, 어, 어어!"

보나와 채완이가 당황해서 어쩔 줄 몰라 하는 사이, 빛나는 물체는 탁구공처럼 빠른 속도로 하늘을 사방팔방 날아다녔어요. 빛나는 물체를 따라 하늘 이쪽에서 저쪽으로 보나와 채완이의 눈이 휙휙 돌아갔어요!

저 반짝 빛나는 물체는 대체 뭘까요? 채완이의 말대로 정말 UFO일까요, 아니면 근처에서 누군가가 날리는 드론일까요? 그것도 아니면…… 설마 별똥별?

그때 놀라운 일이 벌어졌어요. 갑자기 바람이 거칠게 불더니 순식간에 하늘 위가 구름으로 뒤덮이며 어두컴컴해지지 않겠어요? 곧 구름 뒤편이 번쩍번쩍하는가 싶더니 급기야 우르릉우르릉 천둥까지 쳤어요. 한순간 뒤바뀐 날씨에 놀란 보나와 채완이가 멈칫한 그때! 어둑어둑한 회색 구름을 뚫고 빛나는 뭔가가 폭 튀어나왔어요!

"어, 어, 어어!"

보나와 채완이가 당황해서 어쩔 줄 몰라 하는 사이, 빛나는 물체는 탁구공처럼 빠른 속도로 하늘을 사방팔방 날아다녔어요. 빛나는 물체를 따라 하늘 이쪽에서 저쪽으로 보나와 채완이의 눈이 휙휙 돌아갔어요!

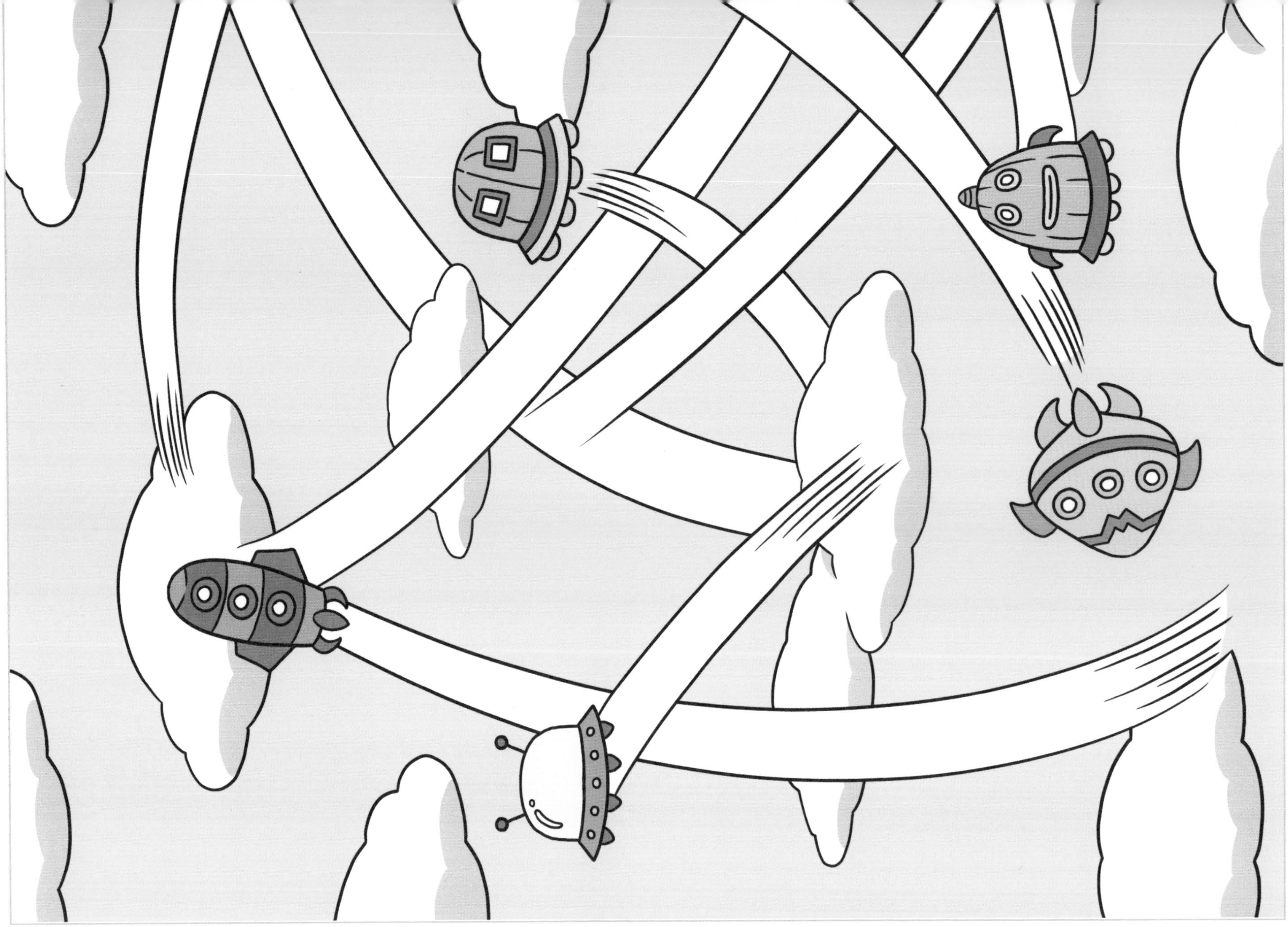

구름 사이로 빠르게 움직이는 우주선을 따라가세요.

그런데 이게 웬일이에요? 빠르게 날아다니던 빛나는 물체가 느닷없이 방향을 바꾸어 보나와 채완이를 향해 쏜살같이 날아오지 뭐예요. 마치 하늘에서 희끄무레한 돌덩이를 냅다 집어던지는 것만 같았어요. 넋 놓고 보다가 당황한 보나와 채완이는 미처 피할 겨를도 없이 서로를 부둥켜안은 채 소리를 빽 질렀어요.

"꺄아아아아악!"

"엄마야! 채완이 살려어어어어어!"

이대로 빛나는 물체와 부딪히는 게 아닐까 하는 순간! 보나와 채완이 눈앞이 확 밝아졌어요. 고개를 들자 빛나는 물체가 보나와 채완이의 머리 위에 둥실둥실 떠 있었지요. 좀 전까지 무섭게 홱홱 날아다니던 모습이 꼭 거짓말처럼 느껴졌어요. 보나가 홀린 듯 양 손바닥을 펼치자 전구의 불이 나가듯 물체도 빛이 사라지면서 보나의 손바닥 위에 톡 내려앉았어요.

그제야 보나와 채완이는 그 물체가 뭔지 볼 수 있었답니다. 진한 개나리색에 연한 반점이 알록달록한 타원형의 물체는 바로 알이었어요!

"알? 알이 왜 하늘에서 내려와? 저기 닭 구름이 낳았나? 꼬끼오 뽕! 이렇게?"

채완이가 어이없다는 듯 닭 흉내를 내며 말했어요. 보나도 이상하다고 생각했어요. 세상 어떤 알이 밝은 빛을 내며 하늘 위를 날아다니다가 쪼끄매져서 내려오나요. 이 알의 정체는 몰랐지만, 뭔가 커다란 수수께끼가 있는 게 분명했어요.

"지누쌤한테 가져가자. 지누쌤이라면 이게 뭔지 알지도 몰라."

채완이의 말에 보나도 찬성했어요.

"그래! 이건 분명 평범한 알이 아니야. 지누쌤한테 가져가서 물어 봐야겠어!"

그런데 이게 웬일이에요? 빠르게 날아다니던 빛나는 물체가 느닷없이 방향을 바꾸어 보나와 채완이를 향해 쏜살같이 날아오지 뭐예요. 마치 하늘에서 희끄무레한 돌덩이를 냅다 집어던지는 것만 같았어요. 넋 놓고 보다가 당황한 보나와 채완이는 미처 피할 겨를도 없이 서로를 부둥켜안은 채 소리를 빽 질렀어요.

"꺄아아아아악!"

"엄마야! 채완이 살려어어어어어!"

이대로 빛나는 물체와 부딪히는 게 아닐까 하는 순간! 보나와 채완이 눈앞이 확 밝아졌어요. 고개를 들자 빛나는 물체가 보나와 채완이의 머리 위에 둥실둥실 떠 있었지요. 좀 전까지 무섭게 횡횡 날아다니던 모습이 꼭 거짓말처럼 느껴졌어요. 보나가 홀린 듯 양 손바닥을 펼치자 전구의 불이 나가듯 물체도 빛이 사라지면서 보나의 손바닥 위에 톡 내려앉았어요.

그제야 보나와 채완이는 그 물체가 뭔지 볼 수 있었답니다. 진한 개나리색에 연한 반점이 알록달록한 타원형의 물체는 바로 알이었어요!

"알? 알이 왜 하늘에서 내려와? 저기 닭 구름이 낳았나? 꼬끼오 뿅! 이렇게?"

채완이가 어이없다는 듯 닭 흉내를 내며 말했어요. 보나도 이상하다고 생각했어요. 세상 어떤 알이 밝은 빛을 내며 하늘 위를 날아다니다가 쪼끄매져서 내려오나요. 이 알의 정체는 몰랐지만, 뭔가 커다란 수수께끼가 있는 게 분명했어요.

"지누쌤한테 가져가자. 지누쌤이라면 이게 뭔지 알지도 몰라."

채완이의 말에 보나도 찬성했어요.

"그래! 이건 분명 평범한 알이 아니야. 지누쌤한테 가져가서 물어 봐야겠어!"

지누샘이 있는 곳으로 출발! 가는 길이 복잡하지만 잘 찾아갈 수 있겠죠?

지누쌤은 동네에서 아주 유명한 발명가 선생님이에요. 신기하고 재미있고 끝내주는 발명품을 많이 만들어서 이름난 상도 여러 번 받았대요. 하지만 이따금씩 엉뚱하고 황당한 사고를 쳐서 동네 사람들을 깜짝 놀라게 한답니다.

글쎄, 지난번에는 생선을 물고 도망간 고양이를 잡겠다고 스파이더 신발을 신고서 벽 타고 올라갔지 않겠어요? 그런데 고양이 쫓느라 벽이란 벽을 죄다 기어오르다가 도중에 그만 신발이 망가진 거예요. 그것도 아파트 12층과 13층 중간쯤 벽에 딱 붙어서 옴짝달싹하지 못했지요.

결국 지누쌤은 불자동차가 출동해서 사다리를 올리고 구해줄 때까지 꼼짝없이 벽에 붙어 오들오들 떨어야만 했지요. 그때 그 일을 생각하면 지누쌤이 영 미덥지 못했지만, 지누쌤 말고는 달리 부탁할 어른이 없었어요.

지누쌤은 동네에서 아주 유명한 발명가 선생님이에요. 신기하고 재미있고 끝내주는 발명품을 많이 만들어서 이름난 상도 여러 번 받았대요. 하지만 이따금씩 엉뚱하고 황당한 사고를 쳐서 동네 사람들을 깜짝 놀라게 한답니다.

글쎄, 지난번에는 생선을 물고 도망간 고양이를 잡겠다고 스파이더 신발을 신고서 벽 타고 올라갔지 않겠어요? 그런데 고양이 쫓느라 벽이란 벽을 죄다 기어오르다가 도중에 그만 신발이 망가진 거예요. 그것도 아파트 12층과 13층 중간쯤 벽에 딱 붙어서 옴짝달싹하지 못했지요.

결국 지누쌤은 불자동차가 출동해서 사다리를 올리고 구해줄 때까지 꼼짝없이 벽에 붙어 오들오들 떨어야만 했지요. 그때 그 일을 생각하면 지누쌤이 영 미덥지 못했지만, 지누쌤 말고는 달리 부탁할 어른이 없었어요.

지누쌤이 고양이를 잡으러 가요.
숫자를 따라 최대한 빨리 잡아요.

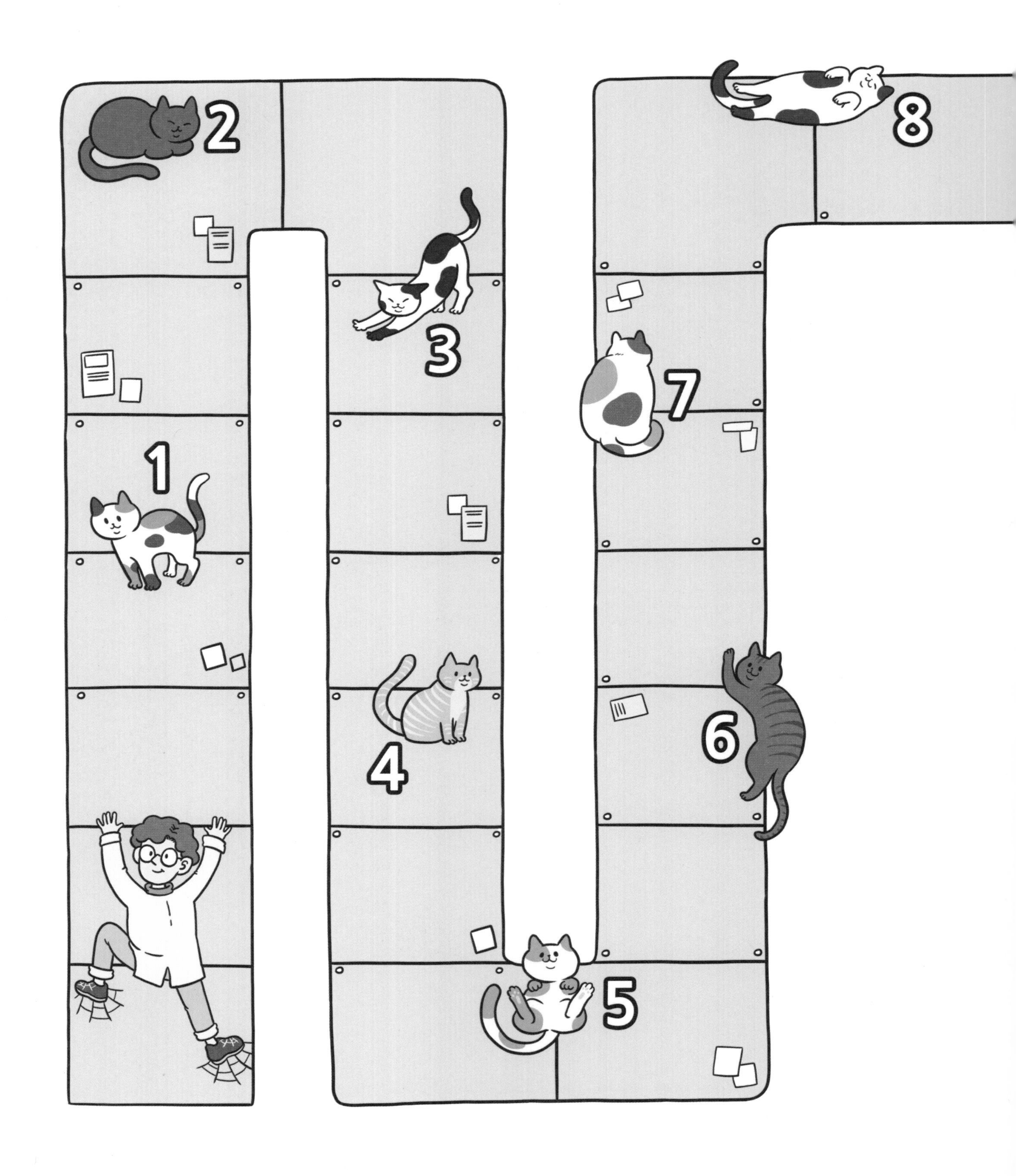

12
16
9
11
13
15
10
14

지누쌤의 집 앞에 도착한 보나와 채완이는 초인종을 길게 눌렀어요. 얼마나 눌렀을까, 이내 문이 벌컥 열렸어요.

"웰컴 투 지누헬, 아니 지누헤븐!"

희한하게 생긴 헬멧을 뒤집어쓴 지누쌤이 두 팔을 벌려 반갑게 맞아 주었어요. 지누쌤은 장난기 넘치는 얼굴로 두 아이에게 물었어요.

"둘 다 무슨 일 있어? 하고 싶은 말이 많은 표정인데!"

보나가 고개를 끄덕이며 주머니 속에서 알을 꺼냈어요.

"이게 어떤 알인지 알고 싶어요. 달걀은 아닌 것 같죠?"

지누쌤은 알을 건네받아서 요리조리 돌려 보았어요.

"이렇게 봐서는 어떤 동물이 낳은 알인지 모르겠구나. 일단 부화를 시켜 봐야겠어."

그러자 채완이가 팔짱을 끼고 고개를 갸웃했어요.

"설마…… 아까 새가 하늘을 날아가다 낳았나?"

"그게 무슨 말이니?"

"아, 좀 전에 무슨 일이 있었느냐면요……."

채완이는 보나와 함께 겪은 일을 손짓과 발짓으로 설명하기 시작했어요.

"…… 그래서 이렇게 지누쌤한테 가져온 거예요."

채완이의 이야기가 끝나자 지누쌤은 흥미로운 표정으로 알을 다시 들여다보았어요. 호기심 어린 두 눈이 반짝반짝 빛났지요.

"좋아, 내가 반드시 이 알을 부화시켜 보겠어! 너희는 일단 집에 가고, 내일모레…… 글피…… 그래, 사흘 뒤에 다시 오너라."

"옛?"

보나와 채완이가 동시에 눈을 동그랗게 뜨고 깜박였어요. 그 모습을 본 지누쌤이 씩 웃으며 말했어요.

"물론 그전에라도 내가 전화하면 바로 튀어 와야 해. 알았지?"

지누쌤의 집 앞에 도착한 보나와 채완이는 초인종을 길게 눌렀어요. 얼마나 눌렀을까, 이내 문이 벌컥 열렸어요.

"웰컴 투 지누헬, 아니 지누헤븐!"

희한하게 생긴 헬멧을 뒤집어쓴 지누쌤이 두 팔을 벌려 반갑게 맞아 주었어요. 지누쌤은 장난기 넘치는 얼굴로 두 아이에게 물었어요.

"둘 다 무슨 일 있어? 하고 싶은 말이 많은 표정인데!"

보나가 고개를 끄덕이며 주머니 속에서 알을 꺼냈어요.

"이게 어떤 알인지 알고 싶어요. 달걀은 아닌 것 같죠?"

지누쌤은 알을 건네받아서 요리조리 돌려 보았어요.

"이렇게 봐서는 어떤 동물이 낳은 알인지 모르겠구나. 일단 부화를 시켜 봐야겠어."

그러자 채완이가 팔짱을 끼고 고개를 갸웃했어요.

"설마…… 아까 새가 하늘을 날아가다 낳았나?"

"그게 무슨 말이니?"

"아, 좀 전에 무슨 일이 있었느냐면요……."

채완이는 보나와 함께 겪은 일을 손짓과 발짓으로 설명하기 시작했어요.

"…… 그래서 이렇게 지누쌤한테 가져온 거예요."

채완이의 이야기가 끝나자 지누쌤은 흥미로운 표정으로 알을 다시 들여다보았어요. 호기심 어린 두 눈이 반짝반짝 빛났지요.

"좋아, 내가 반드시 이 알을 부화시켜 보겠어! 너희는 일단 집에 가고, 내일모레…… 글피…… 그래, 사흘 뒤에 다시 오너라."

"옛?"

보나와 채완이가 동시에 눈을 동그랗게 뜨고 깜박였어요. 그 모습을 본 지누쌤이 씩 웃으며 말했어요.

"물론 그전에라도 내가 전화하면 바로 튀어 와야 해. 알았지?"

다음 날, 지누쌤이 다급히 전화를 걸어왔어요.

“지금 당장 뛰어와! 롸잇 나우!”

보나와 채완이가 부랴부랴 달려가자 지누쌤은 호들갑을 떨며 둘을 커다랗고 네모난 상자 앞으로 데려갔어요.

“내가 만든 특제 부화기야. 어떤 알이든 사흘 만에 부화시키지.”

지누쌤이 어깨를 으쓱으쓱하며 부화기 옆에 있는 모니터를 자랑스럽게 가리켰어요.

“그런데 이 알은 하루 만에 반응이 딱 왔지 뭐냐. 요 모니터를 잘 봐. 이제 부화기 안에서 어떤 일이 벌어지는지 말이야.”

지누쌤의 말에 보나와 채완이는 모니터를 뚫어지게 보았어요. 정말 신기하게도 알 표면에 굵은 선이 쫙쫙 그어지며 웅웅 낮게 떨리는 소리가 들려왔어요! 지누쌤이 흥분하며 외쳤어요.

“확실히 보통 알이 아니야. 자, 어서 나오렴. 넌 대체 누구니?”

다음 날, 지누쌤이 다급히 전화를 걸어왔어요.

"지금 당장 뛰어와! 롸잇 나우!"

보나와 채완이가 부랴부랴 달려가자 지누쌤은 호들갑을 떨며 둘을 커다랗고 네모난 상자 앞으로 데려갔어요.

"내가 만든 특제 부화기야. 어떤 알이든 사흘 만에 부화시키지."

지누쌤이 어깨를 으쓱으쓱하며 부화기 옆에 있는 모니터를 자랑스럽게 가리켰어요.

"그런데 이 알은 하루 만에 반응이 딱 왔지 뭐냐. 요 모니터를 잘 봐. 이제 부화기 안에서 어떤 일이 벌어지는지 말이야."

지누쌤의 말에 보나와 채완이는 모니터를 뚫어지게 보았어요. 정말 신기하게도 알 표면에 굵은 선이 쫙쫙 그어지며 웅웅 낮게 떨리는 소리가 들려왔어요! 지누쌤이 흥분하며 외쳤어요.

"확실히 보통 알이 아니야. 자, 어서 나오렴. 넌 대체 누구니?"

바로 그 순간이었어요! 위잉- 치킥! 위잉- 처커덕!

표면의 선을 따라 알이 조각조각 나뉘면서 알의 맨 윗부분이 뚜껑처럼 솟아올랐어요. 곧이어 알의 중간부가 세로로 갈라지더니 양옆으로 서서히 벌어지지 않겠어요? 보나와 채완이는 너무나 놀랍고 신기해서 침을 꼴깍꼴깍 삼키며 지켜보았어요.

"아우, 더워! 더워서 잠을 못 자겠네."

로켓처럼 변한 알 속에서 누군가가 투덜대며 나왔어요. 노란 개나리꽃처럼 작고 귀여운 병아리였지요. 병아리는 보나와 채완이, 지누쌤을 향해 작은 날개 끝을 흔들며 인사했어요.

"안녕, 지구인 여러분. 난 삐약이라고 해. 만나서 반가워!"

바로 그 순간이었어요! 위잉- 치킥! 위잉- 처커덕!

표면의 선을 따라 알이 조각조각 나뉘면서 알의 맨 윗부분이 뚜껑처럼 솟아올랐어요. 곧이어 알의 중간부가 세로로 갈라지더니 양옆으로 서서히 벌어지지 않겠어요? 보나와 채완이는 너무나 놀랍고 신기해서 침을 꼴깍꼴깍 삼키며 지켜보았어요.

"아우, 더워! 더워서 잠을 못 자겠네."

로켓처럼 변한 알 속에서 누군가가 투덜대며 나왔어요. 노란 개나리꽃처럼 작고 귀여운 병아리였지요. 병아리는 보나와 채완이, 지누쌤을 향해 작은 날개 끝을 흔들며 인사했어요.

"안녕, 지구인 여러분. 난 삐약이라고 해. 만나서 반가워!"

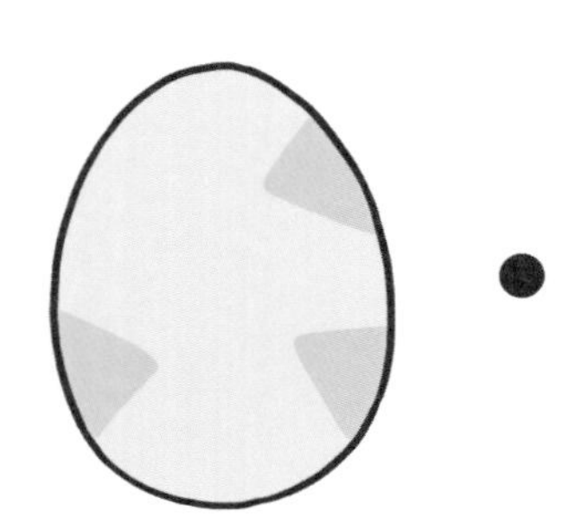

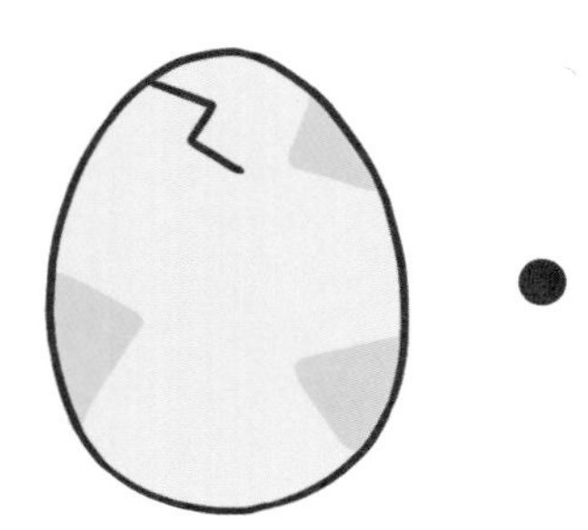

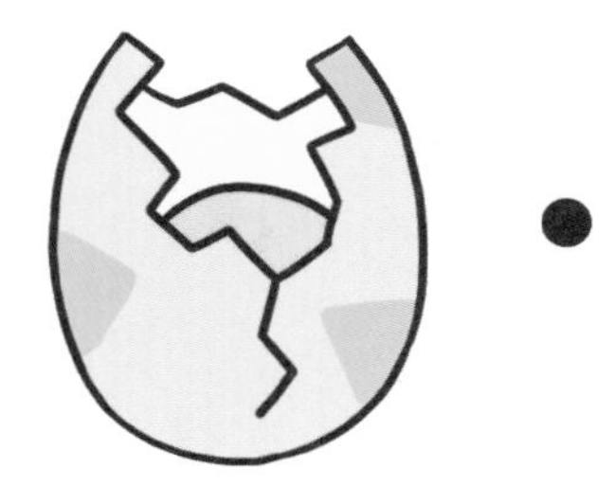

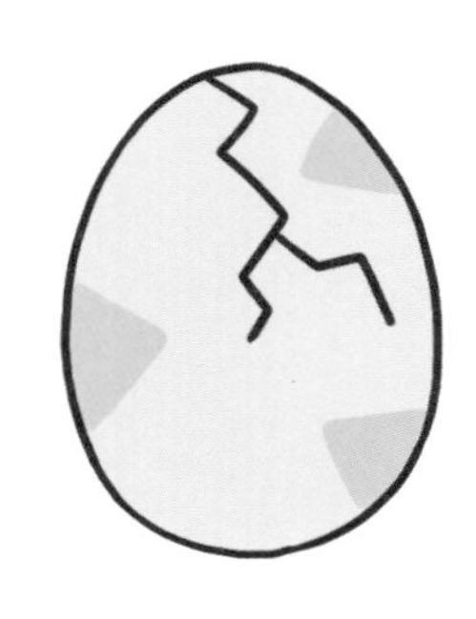

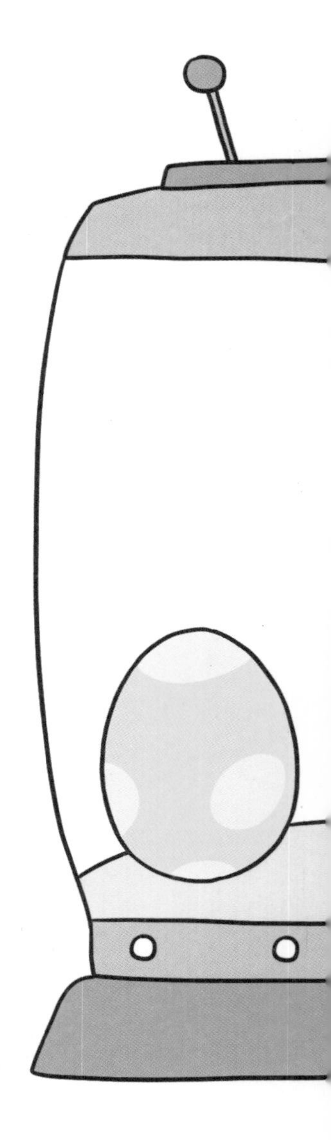

병아리 부화 순서대로 선을 연결해요.

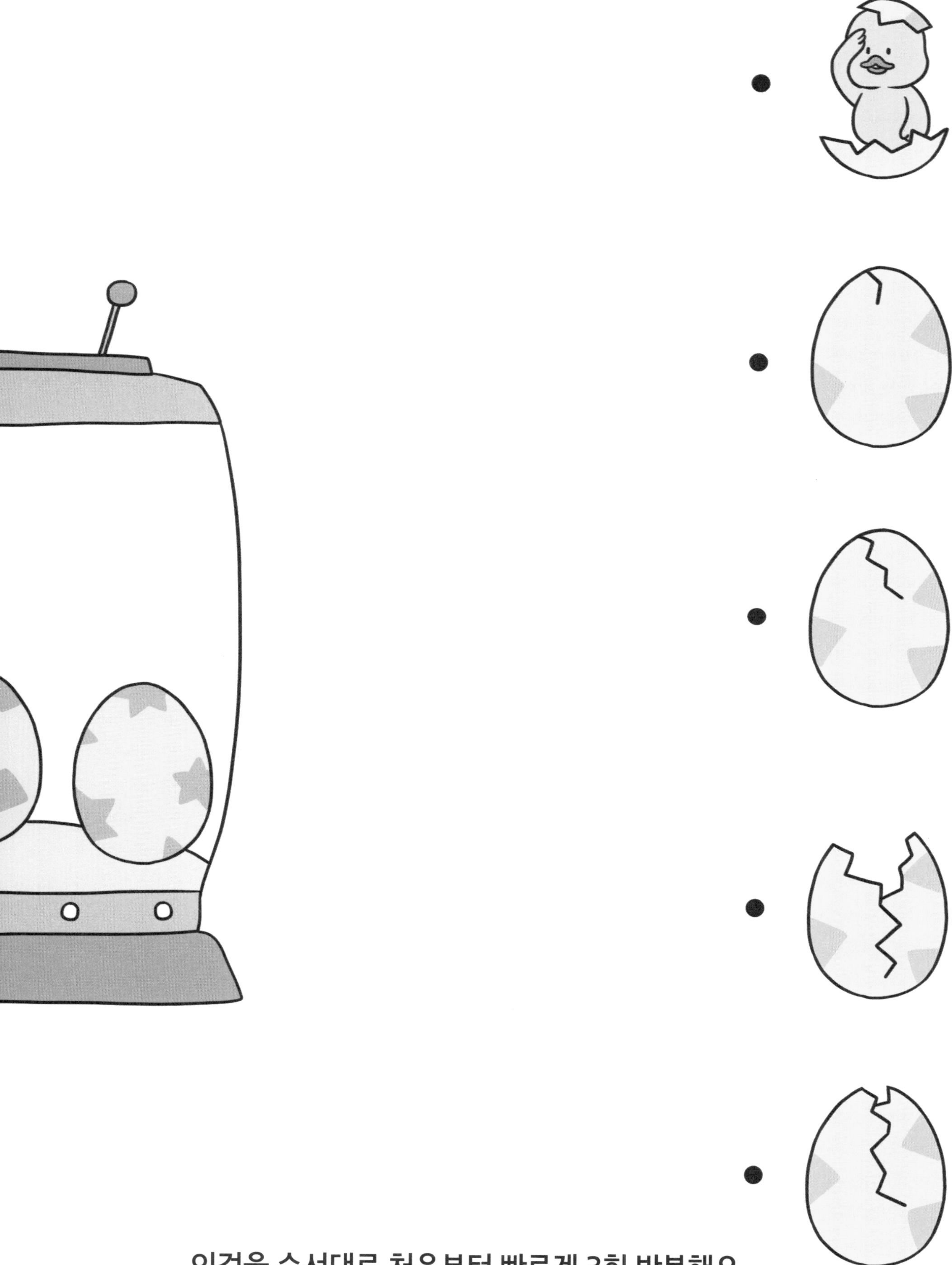

이것을 순서대로 처음부터 빠르게 3회 반복해요.

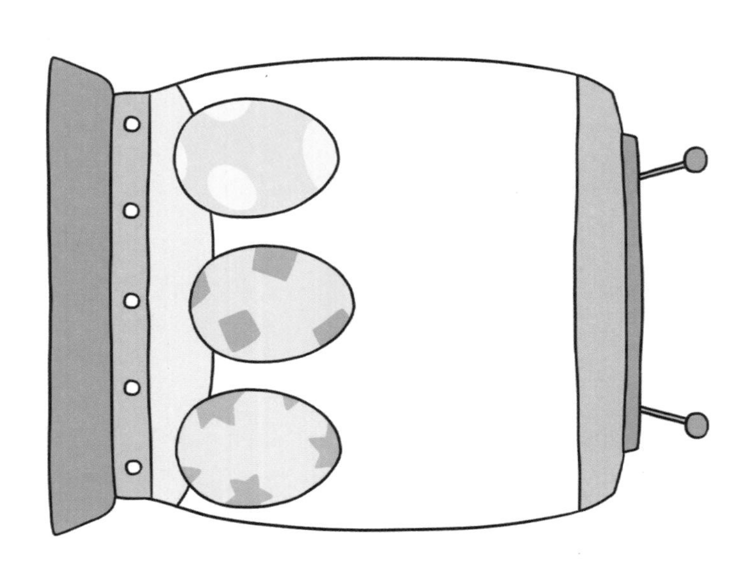

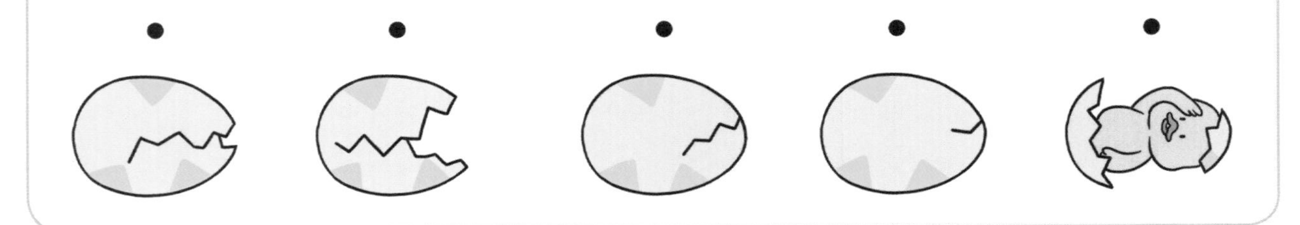

우주에서
날아온
삐약이와
천천히
걸어요.
최대한
천천히
세 바퀴
돌아요.

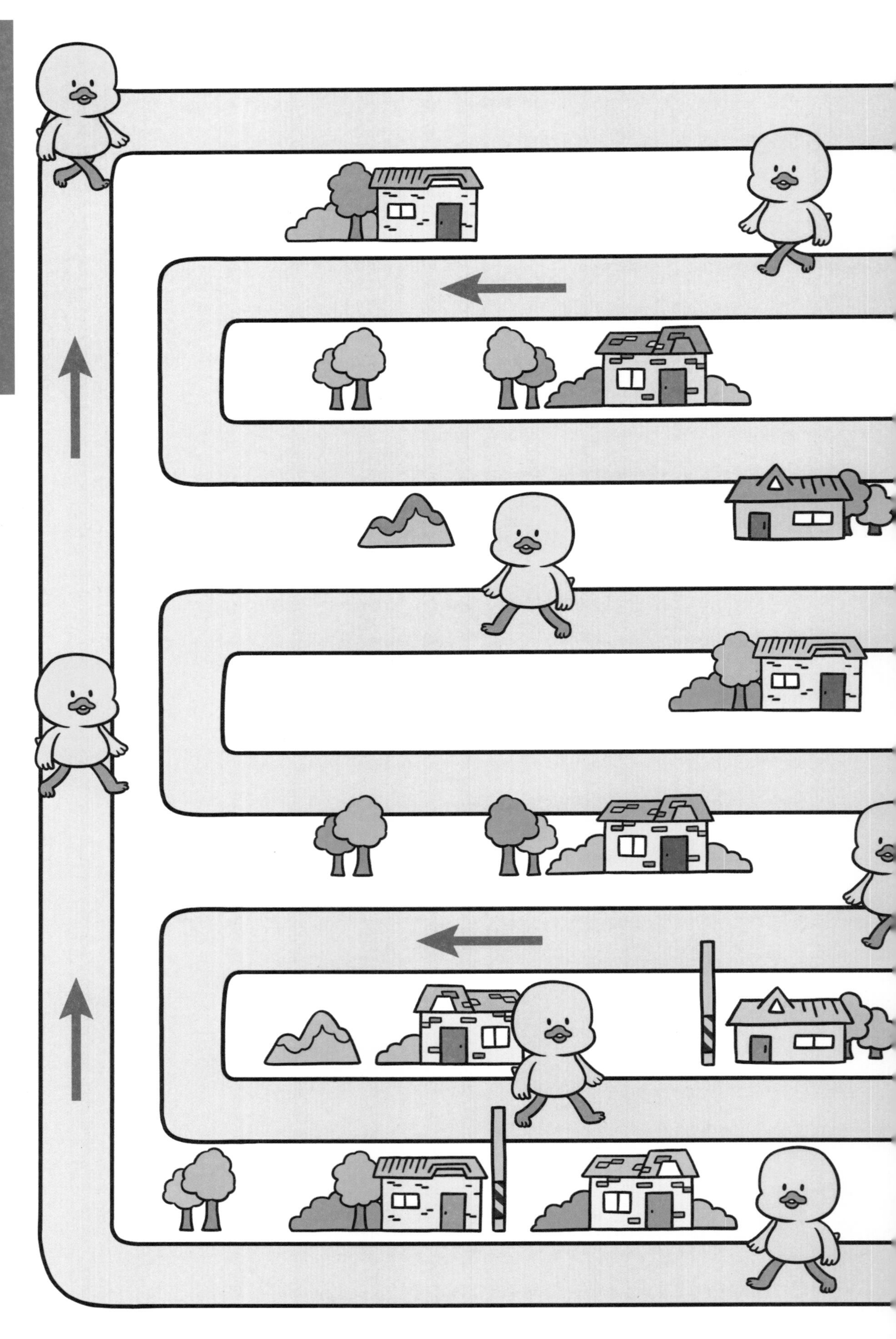

우주에서 날아온 삐약이를 빠르게 쫓아가요.
최대한 빨리 10바퀴를 돕니다.

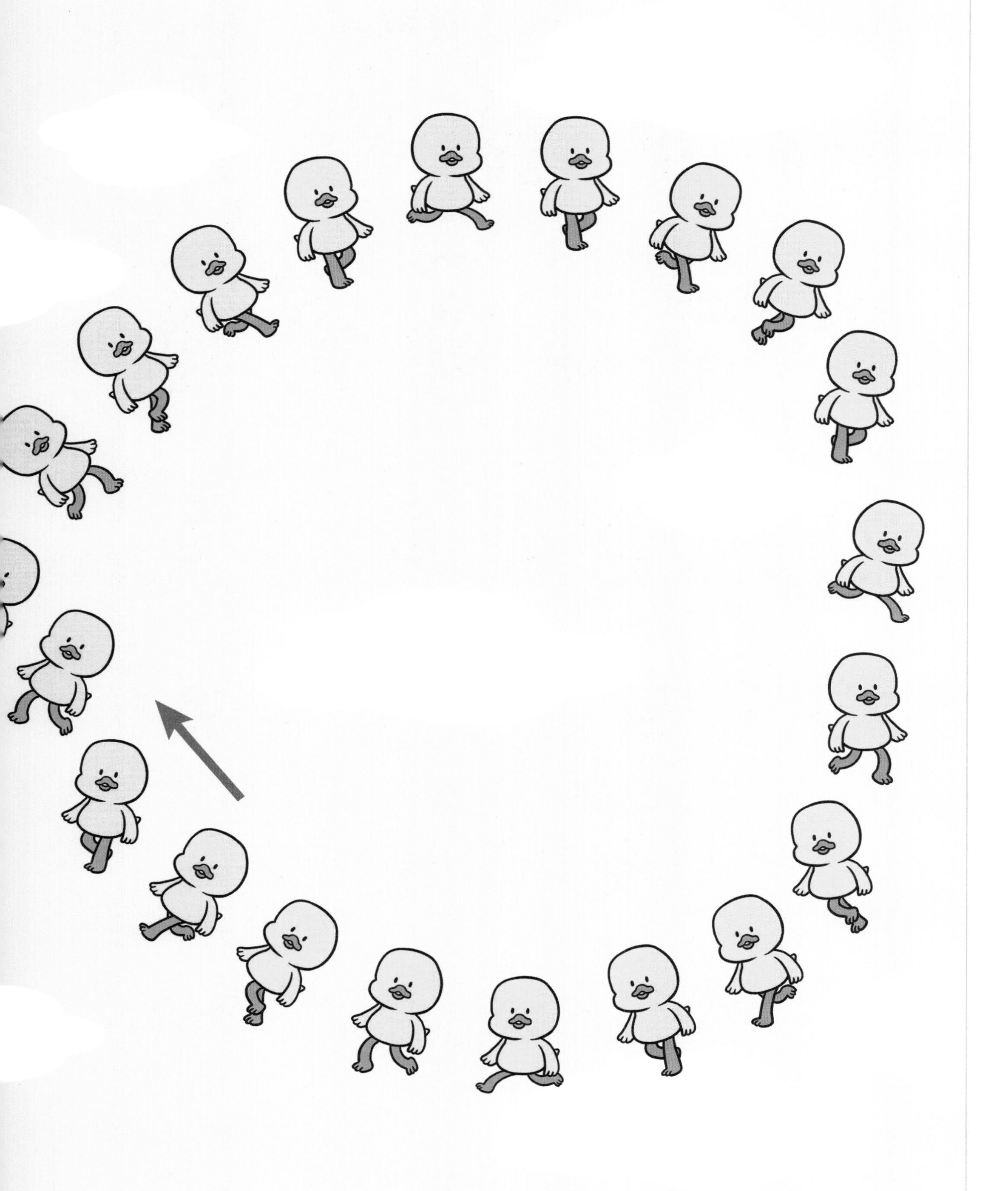

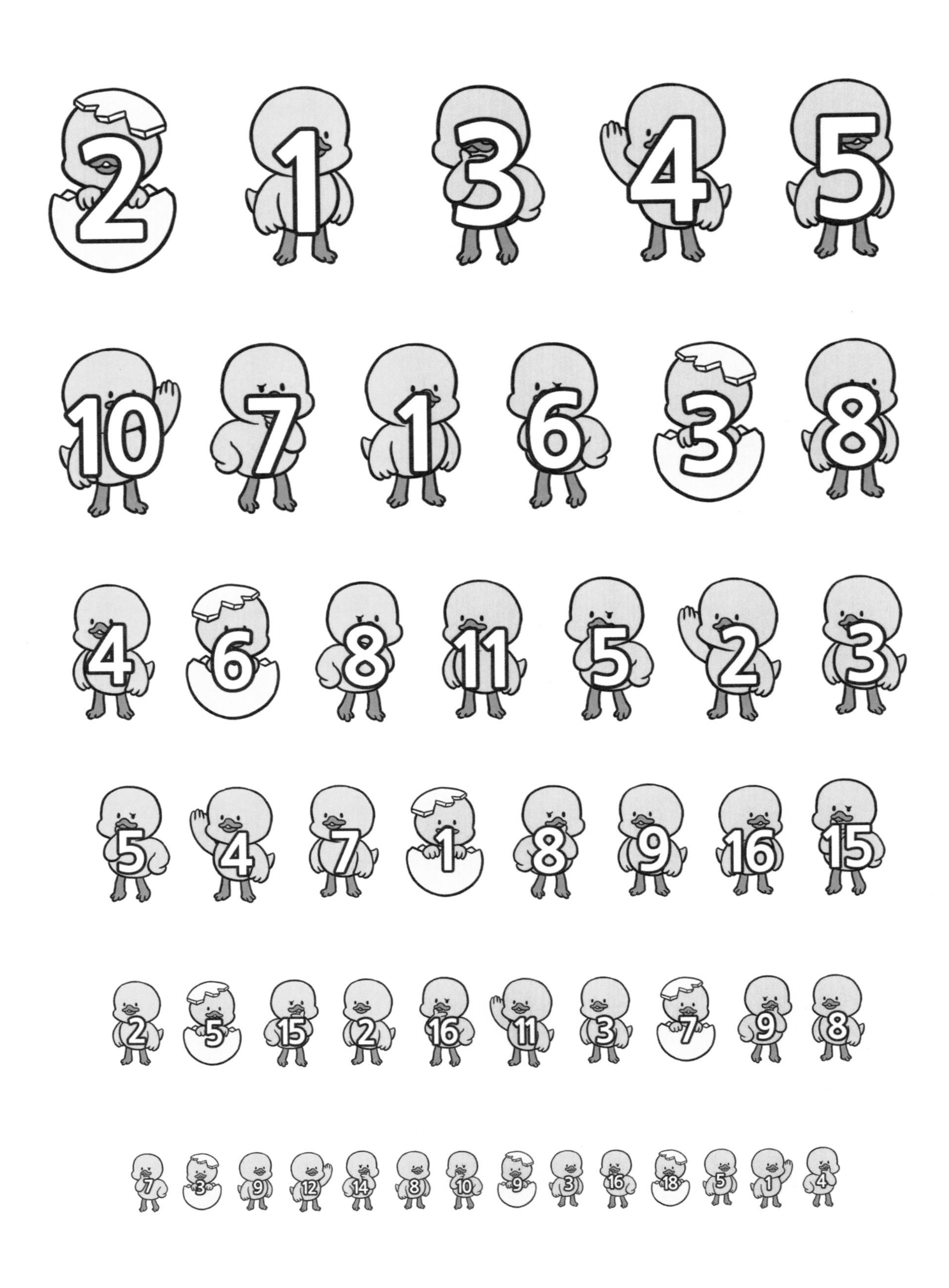

위에서부터 아래로 천천히 숫자를 따라가면서 보아요.
눈을 책에 가까이 가져가지 않으면서 잘 안 보이는 작은 그림을 최대한 보려고 노력해요.
최소 1분 이상 쳐다보아야 합니다.

2. 우주 병아리 삐약이

“맙소사, 벼, 병아리가 말을 해?”

“세상에! 이거 꿈 아니지? 아야, 아야! 꿈 아닌데?”

채완이와 보나는 기절할 듯 놀랐어요. 보나는 도무지 믿기지 않는 듯 자기 뺨을 꼬집기까지 했지요. 지누쌤만 놀라기보다 호기심이 앞서 눈이 반짝반짝 빛났어요.

“말하는 병아리라니! 거참, 신기하군! 이봐, 너 삐약이라고 했나?”

“응. 왜? 지구인?”

“네 정체가 뭐지? 넌 지구 병아리가 아닌가?”

“당연하지. 난 너희가 상상도 할 수 없을 만큼 아주 멀고도 먼 9QMT624 우주에 있는 꼬꼬별에서 왔다고.”

삐약이는 작은 가슴을 쫙 펴며 당당하게 말했어요.

“이름하여 우주 병아리 삐약이다 이 말씀! 지구는 이번이 처음 방문이니, 모두 날 공손하게 잘 모시도록! 잘 알아들었어, 지구인들?”

삐약이의 당찬 요구에 모두가 어안이 벙벙하여 순간 말을 잇지 못했어요. 보나가 이맛살을 찌푸리며 먼저 입을 열었지요.

“쟤, 생각보다 뻔뻔하고 얄밉네?”

채완이도 고개를 끄덕끄덕 맞장구쳤어요.

"암, 지구에 왔으면 지구의 예의범절을 따라야지! 아까 주워 온 데다 도로 갖다 버릴까?"

그러자 지누쌤이 눈이 휘둥그레져서 보나와 채완이를 말렸어요.

"아이고, 얘들아. 큰일 날 소리는 하지 마! 개든 고양이든 토끼든 병아리든 한번 거두면 끝까지 책임져야지. 절대로 갖다 버려서는 안 돼. 일단 내가 얘기해 보마. 나만 믿으렴."

"맙소사, 벼, 병아리가 말을 해?"

"세상에! 이거 꿈 아니지? 아야, 아야! 꿈 아닌데?"

채완이와 보나는 기절할 듯 놀랐어요. 보나는 도무지 믿기지 않는 듯 자기 뺨을 꼬집기까지 했지요. 지누쌤만 놀라기보다 호기심이 앞서 눈이 반짝반짝 빛났어요.

"말하는 병아리라니! 거참, 신기하군! 이봐, 너 삐약이라고 했나?"

"응. 왜? 지구인?"

"네 정체가 뭐지? 넌 지구 병아리가 아닌가?"

"당연하지. 난 너희가 상상도 할 수 없을 만큼 아주 멀고도 먼 9QMT624 우주에 있는 꼬꼬별에서 왔다고."

삐약이는 작은 가슴을 쫙 펴며 당당하게 말했어요.

"이름하여 우주 병아리 삐약이다 이 말씀! 지구는 이번이 처음 방문이니, 모두 날 공손하게 잘 모시도록! 잘 알아들었어, 지구인들?"

삐약이의 당찬 요구에 모두가 어안이 벙벙하여 순간 말을 잇지 못했어요. 보나가 이맛살을 찌푸리며 먼저 입을 열었지요.

"쟤, 생각보다 뻔뻔하고 얄밉네?"

채완이도 고개를 끄덕끄덕 맞장구쳤어요.

"암, 지구에 왔으면 지구의 예의범절을 따라야지! 아까 주워 온 데다 도로 갖다 버릴까?"

그러자 지누쌤이 눈이 휘둥그레져서 보나와 채완이를 말렸어요.

"아이고, 얘들아. 큰일 날 소리는 하지 마! 개든 고양이든 토끼든 병아리든 한번 거두면 끝까지 책임져야지. 절대로 갖다 버려서는 안 돼. 일단 내가 얘기해 보마. 나만 믿으렴."

방금 읽은 문장을 거꾸로 돌려 놓았습니다. 책을 돌리지 말고 차근차근 또박또박 읽어요.

"맙소사, 벼, 병아리가 말을 해?"

"세상에! 이거 꿈 아니지? 아야, 아야! 꿈 아닌데?"

채완이와 보나는 기절할 듯 놀랐어요. 보나는 도무지 믿기지 않는 듯 자기 뺨을 꼬집기까지 했지요. 지누쌤만 놀라기보다 호기심이 앞서 눈이 반짝반짝 빛났어요.

"말하는 병아리라니! 거참, 신기하군! 이봐, 너 삐약이라고 했나?"

"응. 왜? 지구인?"

"네 정체가 뭐지? 넌 지구 병아리가 아닌가?"

"당연하지. 난 너희가 상상도 할 수 없을 만큼 아주 멀고도 먼 9QMT624 우주에 있는 꼬꼬별에서 왔다고."

삐약이는 작은 가슴을 쫙 펴며 당당하게 말했어요.

"이름하여 우주 병아리 삐약이다 이 말씀! 지구는 이번이 처음 방문이니, 모두 날 공손하게 잘 모시도록! 잘 알아들었어, 지구인들?"

삐약이의 당찬 요구에 모두가 어안이 벙벙하여 순간 말을 잇지 못했어요. 보나가 이맛살을 찌푸리며 먼저 입을 열었지요.

"쟤, 생각보다 뻔뻔하고 얄밉네?"

채완이도 고개를 끄덕끄덕 맞장구쳤어요.

"암, 지구에 왔으면 지구의 예의범절을 따라야지! 아까 주워 온 데다 도로 갖다 버릴까?"

그러자 지누쌤이 눈이 휘둥그레져서 보나와 채완이를 말렸어요.

"아이고, 얘들아. 큰일 날 소리는 하지 마! 개든 고양이든 토끼든 병아리든 한번 거두면 끝까지 책임져야지. 절대로 갖다 버려서는 안 돼. 일단 내가 얘기해 보마. 나만 믿으렴."

지누쌤은 흠흠 목소리를 가다듬더니 삐약이와 대화를 시도했어요.

“우선 지구인을 대표하여 인사하겠다. 삐약이, 안녕? 우리 지구에 온 걸 진심으로 환영한다.”

“응. 그런데 문부터 좀 열어 주지? 여기 너무 덥고 답답해서 빨리 나가고 싶거든. 지구 바람도 쐬고 싶고.”

그제야 지누쌤은 이마를 탁 쳤어요.

“아이코, 부화기 온도를 안 내렸구나! 알았어, 지금 바로 열어 주겠다.”

지누쌤은 모니터 옆에 달린 녹색 버튼을 삑 눌렀어요. 그러자 달칵 하고 네모난 부화기의 윗부분이 살짝 열릴락 말락 하다가 픽 하더니 갑자기 전기가 나간 것처럼 멈춰 버렸어요. 그때까지 쫑알쫑알 잘만 들리던 부화기 안의 삐약이의 소리도 뚝 끊겨 버렸답니다.

지누쌤은 흠흠 목소리를 가다듬더니 삐약이와 대화를 시도했어요.

“우선 지구인을 대표하여 인사하겠다. 삐약이, 안녕? 우리 지구에 온 걸 진심으로 환영한다.”

“응. 그런데 문부터 좀 열어 주지? 여기 너무 덥고 답답해서 빨리 나가고 싶거든. 지구 바람도 쐬고 싶고.”

그제야 지누쌤은 이마를 탁 쳤어요.

“아이코, 부화기 온도를 안 내렸구나! 알았어, 지금 바로 열어 주겠다.”

지누쌤은 모니터 옆에 달린 녹색 버튼을 삑 눌렀어요. 그러자 달칵 하고 네모난 부화기의 윗부분이 살짝 열릴락 말락 하다가 픽 하더니 갑자기 전기가 나간 것처럼 멈춰 버렸어요. 그때까지 쫑알쫑알 잘만 들리던 부화기 안의 삐약이의 소리도 뚝 끊겨 버렸답니다.

선을 이어서 예쁜 삐약이 모습을 완성해요.

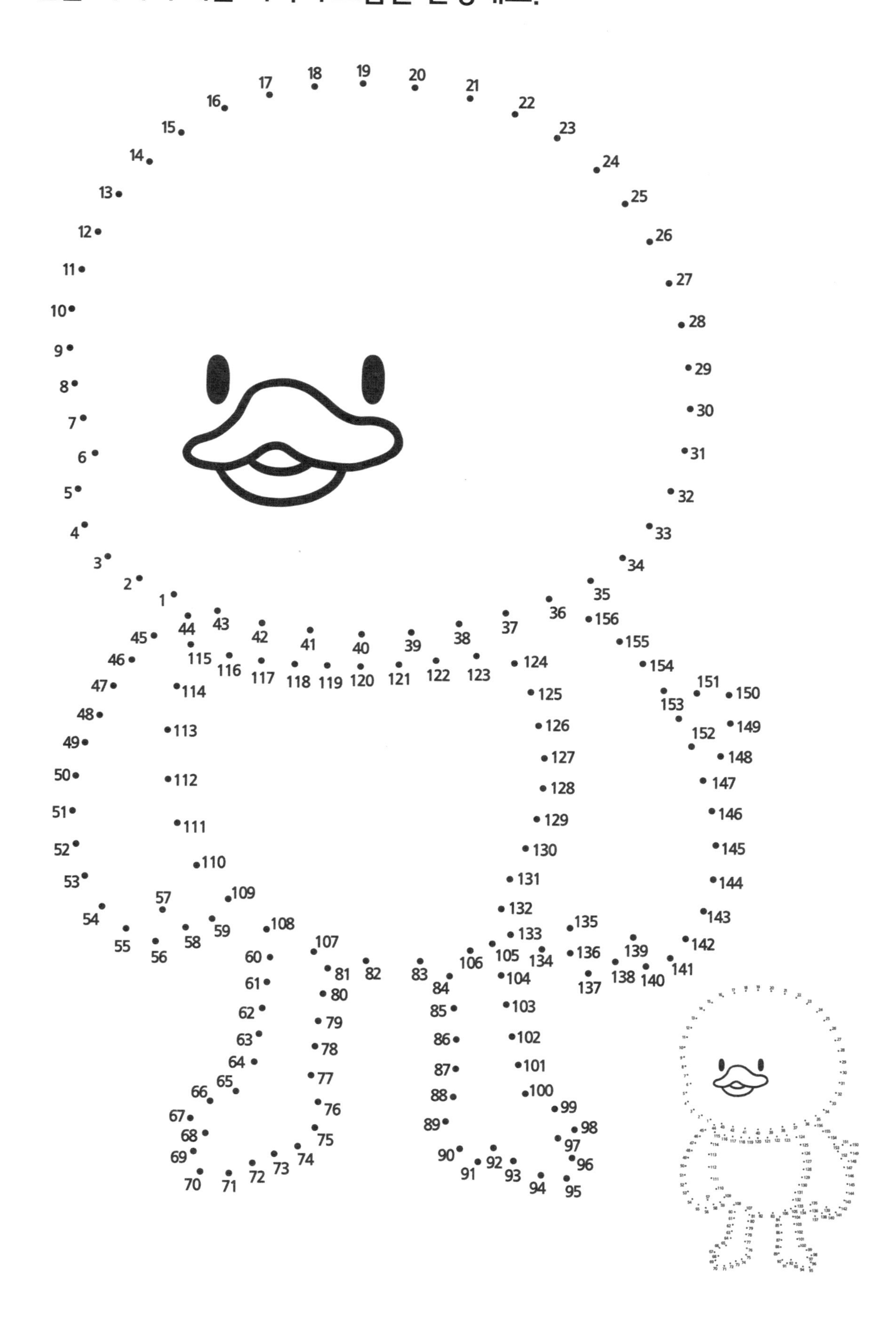

"어라?"

지누쌤이 당황해서 녹색 버튼을 꾹꾹 눌렀지만 아무런 소용이 없었어요. 보나와 채완이가 고개를 갸웃하며 물었지요.

"무슨 일이에요? 뭐 잘못됐어요?"

"시스템이 다운된 것 같구나."

그 순간, 요란한 경보음이 울렸어요.

띠띠띠! 띠띠띠!

갑자기 모니터 화면이 빨갛게 바뀌면서 검은 벌레 모양이 꿈틀꿈틀 화면을 가득 채우는 게 아니겠어요? 그 모습을 본 지누쌤의 얼굴이 창백하게 질렸어요.

"오, 이런! 바이러스다!"

보나와 채완이가 영문을 몰라 눈만 깜빡이자 지누쌤이 다급히 외쳤어요.

"아주 독하기로 소문난 악질 바이러스야. 한 번 감염되면 컴퓨터 전체에 퍼져 초스피드로 시스템을 먹통으로 만들지. 마치 바퀴벌레가 순식간에 집 안 전체에 퍼지는 것처럼 말이야."

그때 모니터 화면에 대왕 벌레가 클로즈업되더니 지누쌤과 보나와 채완이를 향해 더듬이를 까닥까닥하지 뭐예요. 신기하게도 스피커에서 소리가 저절로 흘러나왔어요!

"어라?"

지누쌤이 당황해서 녹색 버튼을 꾹꾹 눌렀지만 아무런 소용이 없었어요. 보나와 채완이가 고개를 갸웃하며 물었지요.

"무슨 일이에요? 뭐 잘못됐어요?"

"시스템이 다운된 것 같구나."

그 순간, 요란한 경보음이 울렸어요.

띠띠띠! 띠띠띠!

갑자기 모니터 화면이 빨갛게 바뀌면서 검은 벌레 모양이 꿈틀꿈틀 화면을 가득 채우는 게 아니겠어요? 그 모습을 본 지누쌤의 얼굴이 창백하게 질렸어요.

"오, 이런! 바이러스다!"

보나와 채완이가 영문을 몰라 눈만 깜빡이자 지누쌤이 다급히 외쳤어요.

"아주 독하기로 소문난 악질 바이러스야. 한 번 감염되면 컴퓨터 전체에 퍼져 초스피드로 시스템을 먹통으로 만들지. 마치 바퀴벌레가 순식간에 집 안 전체에 퍼지는 것처럼 말이야."

그때 모니터 화면에 대왕 벌레가 클로즈업되더니 지누쌤과 보나와 채완이를 향해 더듬이를 까닥까닥하지 뭐예요. 신기하게도 스피커에서 소리가 저절로 흘러나왔어요!

바퀴벌레가 순식간에 집 안 전체에 퍼지는 것처럼 말이야.
위 문장 안에 있는 글자를 순서대로 아래에서 찾아요.

“시스템 완전 파괴까지 앞으로 3분! 후후, 지금부터 카운트다운 들어가겠다.”

그러자 대왕 벌레 옆에 카운트다운 표시가 뜨더니 1초씩 줄어들기 시작했지요. 보나가 불안한 목소리로 물었어요.

“어떡해요, 지누쌤? 이대로 시스템이 파괴되면 삐약이 못 나오는 거예요?”

“지금이라도 부화기를 부수고 삐약이를 꺼낼까요?”

채완이는 급한 마음에 당장 뛰쳐나갈 기세였지요. 그러나 지누쌤은 고개를 절레절레 흔들었어요.

“안 돼. 내가 만든 특제 부화기라서 억지로 열거나 부수려고 하면 자동 폭파하게 되어 있어. 어떻게든 바이러스를 치료해서 시스템을 정상으로 돌려놔야만 삐약이를 꺼내 줄 수 있어. 보나야, 채완아! 너희 도움이 필요해. 나 혼자서는 시간이 모자라!”

지누쌤의 말에 보나와 채완이는 진지한 표정으로 대답했어요.

“네, 지누쌤! 저희가 도와 드릴게요.”

“뭐든 말씀만 하세요!”

"시스템 완전 파괴까지 앞으로 3분! 후후, 지금부터 카운트다운 들어가겠다."

그러자 대왕 벌레 옆에 카운트다운 표시가 뜨더니 1초씩 줄어들기 시작했지요. 보나가 불안한 목소리로 물었어요.

"어떡해요, 지누쌤? 이대로 시스템이 파괴되면 삐약이 못 나오는 거예요?"

"지금이라도 부화기를 부수고 삐약이를 꺼낼까요?"

채완이는 급한 마음에 당장 뛰쳐나갈 기세였지요. 그러나 지누쌤은 고개를 절레절레 흔들었어요.

"안 돼. 내가 만든 특제 부화기라서 억지로 열거나 부수려고 하면 자동 폭파하게 되어 있어. 어떻게든 바이러스를 치료해서 시스템을 정상으로 돌려놔야만 삐약이를 꺼내 줄 수 있어. 보나야, 채완아! 너희 도움이 필요해. 나 혼자서는 시간이 모자라!"

지누쌤의 말에 보나와 채완이는 진지한 표정으로 대답했어요.

"네, 지누쌤! 저희가 도와 드릴게요."

"뭐든 말씀만 하세요!"

부화기가 폭파하기 전에 무지개 색깔을 순서대로 빨리 따라가요. 3회 반복합니다.

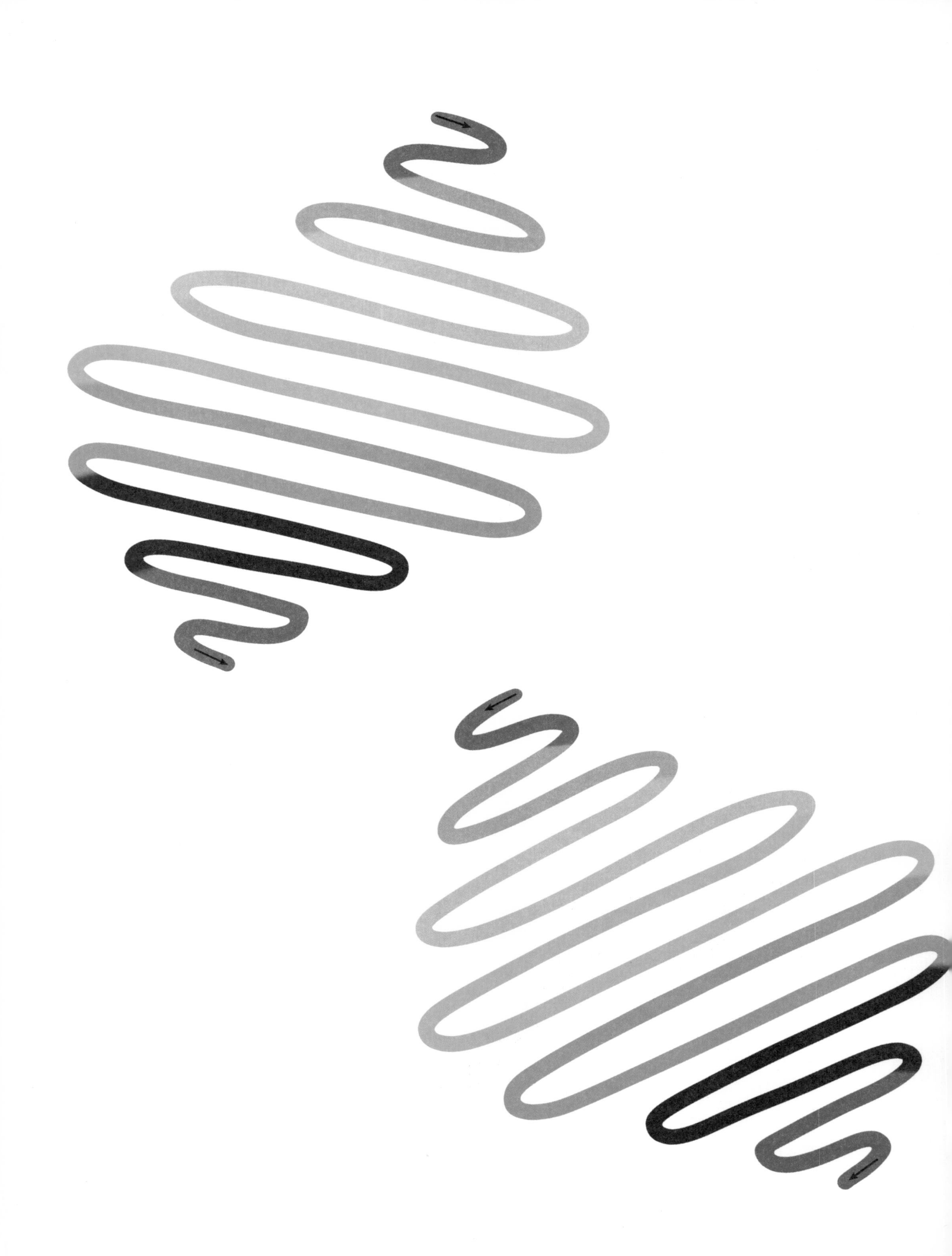

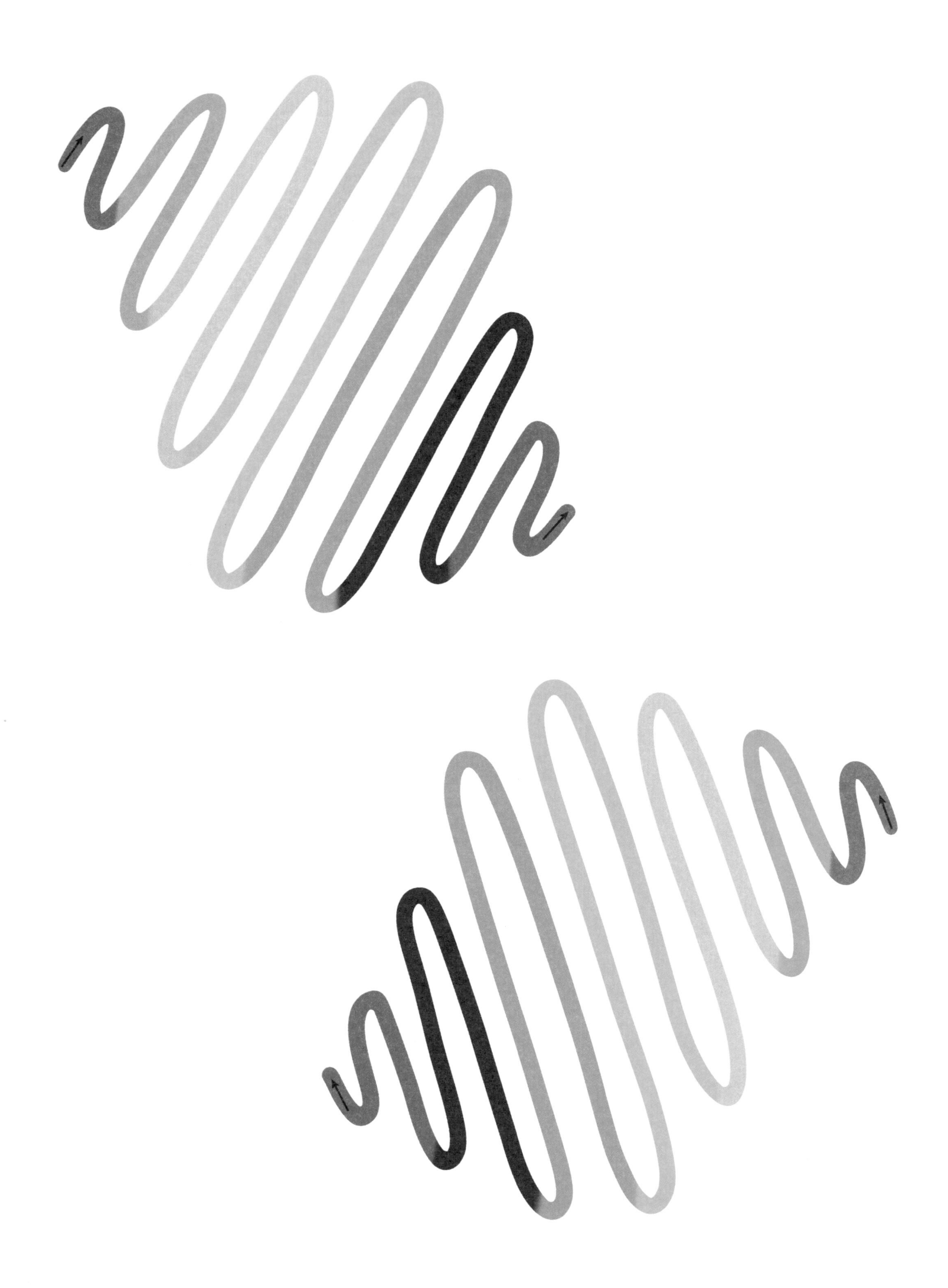

잠시 후, 보나와 채완이는 마지막 벌레까지 성공적으로 다 잡았어요.

"우아, 겨우 살았다."

"3분이 이렇게 긴 시간인 줄 몰랐어!"

보나와 채완이는 자리에 털썩 주저앉아 가슴을 쓸어내렸어요. 바이러스를 무사히 치료하고 나자 긴장이 풀려 몸에 힘이 쫙 빠졌거든요. 지누쌤만 곰곰이 생각에 잠긴 채 제자리를 서성이고 있었지요.

"거참, 이상하군. 여기는 보안이 철저해서 어지간한 바이러스는 뚫고 들어오지 못하는데…… 왜 악성 바이러스가 난데없이 공격해 왔을까? 우연일까? 아니면 의도적인 걸까?"

채완이가 혼잣말하는 지누쌤을 불렀어요.

"지누쌤, 삐약이 안 꺼내요?"

"아이쿠, 바이러스 때문에 깜빡했네!"

지누쌤은 이마를 탁 치며 아까처럼 모니터 옆의 녹색 버튼을 다시 눌렀어요. 그러자 멈춰 있던 부화기의 윗부분이 마치 보물 상자의 뚜껑이 열리듯 서서히 열렸답니다. 드디어 우주 병아리 삐약이와 직접 만나는 순간이 왔어요.

"으잉?"

다들 깜짝 놀라 눈을 비비며 부화기 안쪽을 바라보았어요. 노란 병아리 삐약이가 배를 드러낸 채 벌렁 나자빠져 있었거든요.

잠시 후, 보나와 채완이는 마지막 벌레까지 성공적으로 다 잡았어요.

"우아, 겨우 살았다."

"3분이 이렇게 긴 시간인 줄 몰랐어!"

보나와 채완이는 자리에 털썩 주저앉아 가슴을 쓸어내렸어요. 바이러스를 무사히 치료하고 나자 긴장이 풀려 몸에 힘이 쫙 빠졌거든요. 지누쌤만 곰곰이 생각에 잠긴 채 제자리를 서성이고 있었지요.

"거참, 이상하군. 여기는 보안이 철저해서 어지간한 바이러스는 뚫고 들어오지 못하는데…… 왜 악성 바이러스가 난데없이 공격해 왔을까? 우연일까? 아니면 의도적인 걸까?"

채완이가 혼잣말하는 지누쌤을 불렀어요.

"지누쌤, 삐약이 안 꺼내요?"

"아이쿠, 바이러스 때문에 깜빡했네!"

지누쌤은 이마를 탁 치며 아까처럼 모니터 옆의 녹색 버튼을 다시 눌렀어요. 그러자 멈춰 있던 부화기의 윗부분이 마치 보물 상자의 뚜껑이 열리듯 서서히 열렸답니다. 드디어 우주 병아리 삐약이와 직접 만나는 순간이 왔어요.

"으잉?"

다들 깜짝 놀라 눈을 비비며 부화기 안쪽을 바라보았어요. 노란 병아리 삐약이가 배를 드러낸 채 벌렁 나자빠져 있었거든요.

길을 따라서
바이러스를 잡아요.

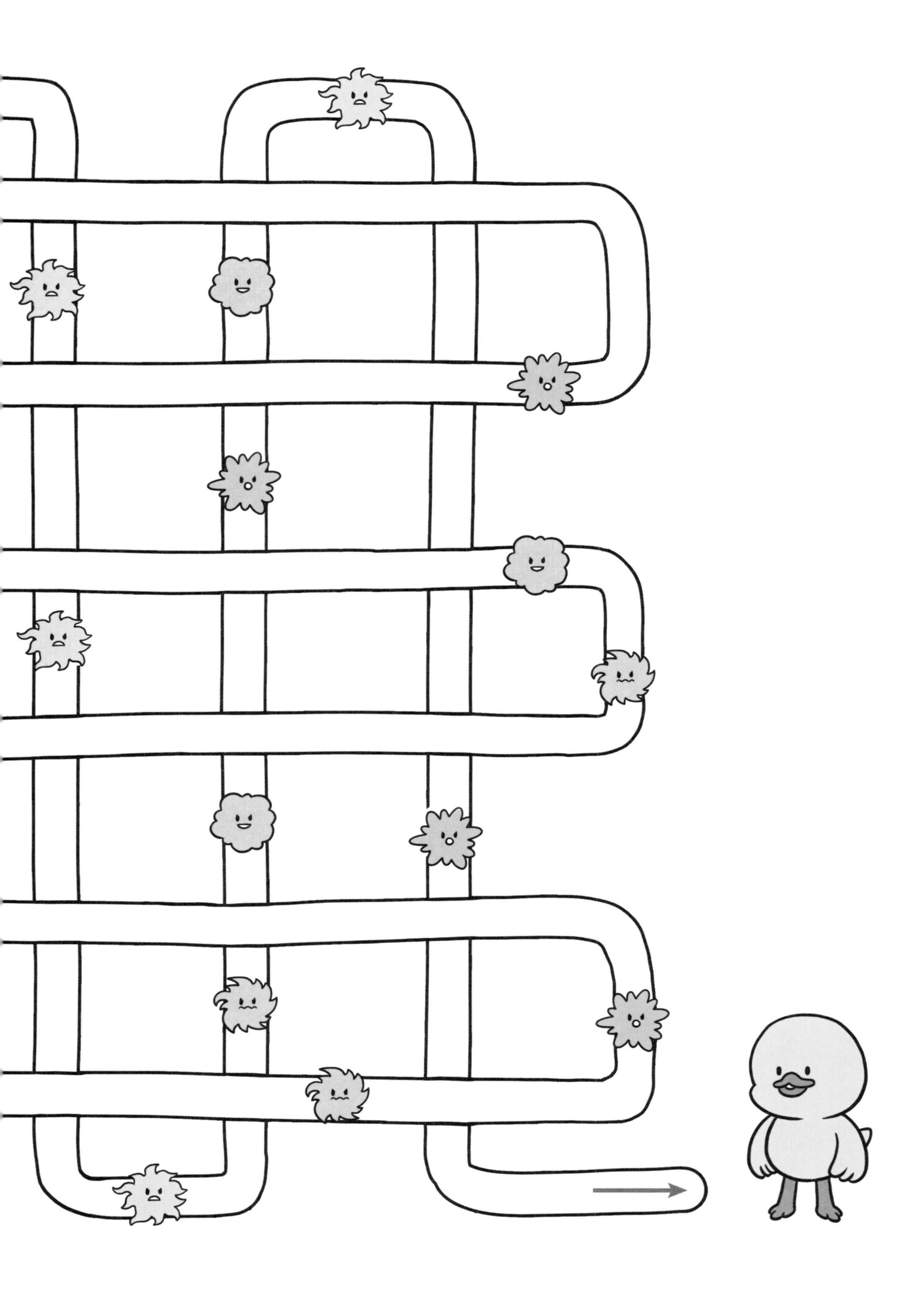

"호, 혹시 죽은 걸까?"

채완이가 떨리는 목소리로 말했어요. 보나는 고개를 갸웃하며 지누쌤을 보았지요. 지누쌤은 도통 영문을 모르겠다는 표정이었어요.

"그, 그사이에 죽을 리 없는데! 부화기 온도가 너무 높았나?"

모두가 어안이 벙벙해서 어쩔 줄 몰라 하던 바로 그때였어요.

"냠냠…… 안 돼. 다 내 거야. 내가 다 먹을 거라고."

삐약이가 혼잣말을 하며 몸을 뒤척이지 뭐예요. 그제야 보나와 채완이는 어떤 상황인지 딱 알아차렸어요.

"뭐야? 잠꼬대였어? 야, 당장 일어나!"

"아우, 놀래라. 정말 죽은 줄 알았잖아!"

보나와 채완이의 야단에 삐약이가 화들짝 놀라 일어났어요.

"음? 내 밥? 내 밥 어디 갔어?"

삐약이는 여전히 잠이 덜 깼는지 밥을 계속 찾았어요. 지누쌤이 껄껄 웃으며 말했어요.

"하하하! 아까 자고 일어났는데 그새를 못 참고 또 자다니, 너 잠보 병아리구나?"

"문이 안 열려서 기다리다가 나도 모르게 깜빡…… 에잇, 문을 늦게 연 너희 탓이야! 그러니까 누가 꾸물대래?"

"호, 혹시 죽은 걸까?"

채완이가 떨리는 목소리로 말했어요. 보나는 고개를 갸웃하며 지누쌤을 보았지요. 지누쌤은 도통 영문을 모르겠다는 표정이었어요.

"그, 그사이에 죽을 리 없는데! 부화기 온도가 너무 높았나?"

모두가 어안이 벙벙해서 어쩔 줄 몰라 하던 바로 그때였어요.

"냠냠…… 안 돼. 다 내 거야. 내가 다 먹을 거라고."

삐약이가 혼잣말을 하며 몸을 뒤척이지 뭐예요. 그제야 보나와 채완이는 어떤 상황인지 딱 알아차렸어요.

"뭐야? 잠꼬대였어? 야, 당장 일어나!"

"아우, 놀래라. 정말 죽은 줄 알았잖아!"

보나와 채완이의 야단에 삐약이가 화들짝 놀라 일어났어요.

"음? 내 밥? 내 밥 어디 갔어?"

삐약이는 여전히 잠이 덜 깼는지 밥을 계속 찾았어요. 지누쌤이 껄껄 웃으며 말했어요.

"하하하! 아까 자고 일어났는데 그새를 못 참고 또 자다니, 너 잠보 병아리구나?"

"문이 안 열려서 기다리다가 나도 모르게 깜빡…… 에잇, 문을 늦게 연 너희 탓이야! 그러니까 누가 꾸물대래?"

먹을 것을 들고 있는 삐약이를 찾아요.

건강한 삐약이를 따라 그리고 색칠해요.

보나와 함께 노랑나비를 잡으러 가요.

보나를 따라 그리고 색칠해요.

채완이와 함께 풍뎅이를 잡으러 가요.

채완이를 따라 그리고 색칠해요.

지누쌤과 함께 고추잠자리를 잡으러 가요.

지누쌤을 따라 그리고 색칠해요.

삐약이가 얼굴을 붉히며 목소리를 높였어요. 하지만 지누쌤은 아랑곳하지 않고 어깨를 가볍게 으쓱대더니 씩 웃었어요.

"배고프지? 일단 밥부터 먹고 이야기할까?"

"바아아아압?"

밥 소리에 삐약이의 눈이 반짝 빛났어요. 그리고 군침 삼키는 소리가 크게 들렸답니다. 꼴깍!

"우아, 맛있어 보이네. 잘 먹겠다, 지구인!"

삐약이는 먹음직스러운 음식을 보고 팔짝팔짝 뛰며 좋아했어요. 얼른 한입 크게 먹더니 탄성을 질렀어요.

"맛있어, 맛있어! 이거 뭔데 이렇게 맛있지?"

"당근 케이크."

보나가 알려주자 삐약이가 고개를 갸웃하며 되물었어요.

"당근 케이크?"

"응. 당근으로 만든 케이크. 혹시 당근 몰라? 당근이 눈에 엄청 좋은데."

"몰라. 처음 먹어보는 거야."

삐약이는 정말 배고팠는지 당근 케이크를 허겁지겁 먹어 치웠어요. 한참을 신나게 먹고 나서야 삐약이의 목소리가 한결 부드러워졌지요.

"아, 배부르니까 행복하구나. 고마워, 지구인. 내가 지금까지 먹어 본 음식 중에 최고로 맛있었어."

삐약이는 정말 만족스럽고 행복한 표정을 지었어요.

삐약이가 얼굴을 붉히며 목소리를 높였어요. 하지만 지누쌤은 아랑곳하지 않고 어깨를 가볍게 으쓱대더니 씩 웃었어요.

"배고프지? 일단 밥부터 먹고 이야기할까?"

"바아아아압?"

밥 소리에 삐약이의 눈이 반짝 빛났어요. 그리고 군침 삼키는 소리가 크게 들렸답니다. 꼴깍!

"우아, 맛있어 보이네. 잘 먹겠다, 지구인!"

삐약이는 먹음직스러운 음식을 보고 팔짝팔짝 뛰며 좋아했어요. 얼른 한입 크게 먹더니 탄성을 질렀어요.

"맛있어, 맛있어! 이거 뭔데 이렇게 맛있지?"

"당근 케이크."

보나가 알려주자 삐약이가 고개를 갸웃하며 되물었어요.

"당근 케이크?"

"응. 당근으로 만든 케이크. 혹시 당근 몰라? 당근이 눈에 엄청 좋은데."

"몰라. 처음 먹어보는 거야."

삐약이는 정말 배고팠는지 당근 케이크를 허겁지겁 먹어 치웠어요. 한참을 신나게 먹고 나서야 삐약이의 목소리가 한결 부드러워졌지요.

"아, 배부르니까 행복하구나. 고마워, 지구인. 내가 지금까지 먹어 본 음식 중에 최고로 맛있었어."

삐약이는 정말 만족스럽고 행복한 표정을 지었어요.

삐약이와 함께 당근을 찾아가요.

"배도 든든하게 채웠으니까 이제 정식으로 인사해 볼까? 다시 말하지만, 나는 9QMT624 우주의 꼬꼬별에서 온 우주 병아리 삐약이야. 지구인들아, 만나서 반갑다."

"내 이름은 보나야. 김보나."

"난 홍채완이라고 해. 보나랑 같은 반 친구야."

보나와 채완이 다음으로 지누쌤도 아까 하지 못한 자기소개를 했답니다.

"나는 지누쌤이라고 편하게 부르면 된단다. 여기는 우리 집이고, 내가 먹고 자고 연구하는 곳이지."

지누쌤의 말이 끝나기 무섭게 보나와 채완이는 삐약이에게 궁금한 점을 막 물어 보기 시작했어요.

"9QMT624 우주는 어디에 있어?"

"꼬꼬별은 어떤 곳이야? 지구와 비슷해?"

"꼬꼬별에는 병아리들만 사는 거야?"

"혹시 닭도 있어?"

삐약이는 마구 쏟아지는 질문에 대답할 틈을 좀처럼 찾지 못했어요. 어질어질해서 눈이 뱅글뱅글 돌아갈 것만 같았지요.

"배도 든든하게 채웠으니까 이제 정식으로 인사해 볼까? 다시 말하지만, 나는 9QMT624 우주의 꼬꼬별에서 온 우주 병아리 삐약이야. 지구인들아, 만나서 반갑다."

"내 이름은 보나야. 김보나."

"난 홍채완이라고 해. 보나랑 같은 반 친구야."

보나와 채완이 다음으로 지누쌤도 아까 하지 못한 자기소개를 했답니다.

"나는 지누쌤이라고 편하게 부르면 된단다. 여기는 우리 집이고, 내가 먹고 자고 연구하는 곳이지."

지누쌤의 말이 끝나기 무섭게 보나와 채완이는 삐약이에게 궁금한 점을 막 물어 보기 시작했어요.

"9QMT624 우주는 어디에 있어?"

"꼬꼬별은 어떤 곳이야? 지구와 비슷해?"

"꼬꼬별에는 병아리들만 사는 거야?"

"혹시 닭도 있어?"

삐약이는 마구 쏟아지는 질문에 대답할 틈을 좀처럼 찾지 못했어요. 어질어질해서 눈이 뱅글뱅글 돌아갈 것만 같았지요.

삐약이가 타고 온 우주선 이름을 찾아요.

9QTM642우주

9TQM624우주

Q9T6M24우주

Q9T62M4우주

9QM6T우주24

9QTM6우주24

9QTM62우주4

9QMT624우주

6QTM924우주

9QM624T우주

9QTM624우주

T94QM62우주

9QT62M4우주

결국 보다 못한 지누쌤이 보나와 채완이를 말리고서야 한숨 돌릴 수 있었어요.

"얘들아, 너희가 그렇게 정신없이 물어 보면 삐약이가 어떻게 대답하겠니? 하나씩 찬찬히 물어야지."

보나와 채완이는 아차 싶은 표정으로 서로를 흘깃 쳐다보며 고개를 끄덕였어요. 그리고 둘이 똑같이 입을 모아 물었답니다.

"지구에는 왜 온 거야?"

"왜 오긴……."

삐약이가 픽 웃으며 대답하려는 순간이었어요. 갑자기 삐약이의 표정이 딱딱하게 굳더니 말을 더듬었어요.

"그, 그게…… 그, 그러니까…… 나, 왜 지구에 왔더라?"

과연 삐약이의 정체는 무엇일까요? 이리저리 열심히 눈을 굴려 한번 알아 볼까요?

결국 보다 못한 지누쌤이 보나와 채완이를 말리고서야 한숨 돌릴 수 있었어요.

"얘들아, 너희가 그렇게 정신없이 물어 보면 삐약이가 어떻게 대답하겠니? 하나씩 찬찬히 물어야지."

보나와 채완이는 아차 싶은 표정으로 서로를 흘깃 쳐다보며 고개를 끄덕였어요. 그리고 둘이 똑같이 입을 모아 물었답니다.

"지구에는 왜 온 거야?"

"왜 오긴……."

삐약이가 픽 웃으며 대답하려는 순간이었어요. 갑자기 삐약이의 표정이 딱딱하게 굳더니 말을 더듬었어요.

"그, 그게…… 그, 그러니까…… 나, 왜 지구에 왔더라?"

과연 삐약이의 정체는 무엇일까요? 이리저리 열심히 눈을 굴려 한번 알아 볼까요?

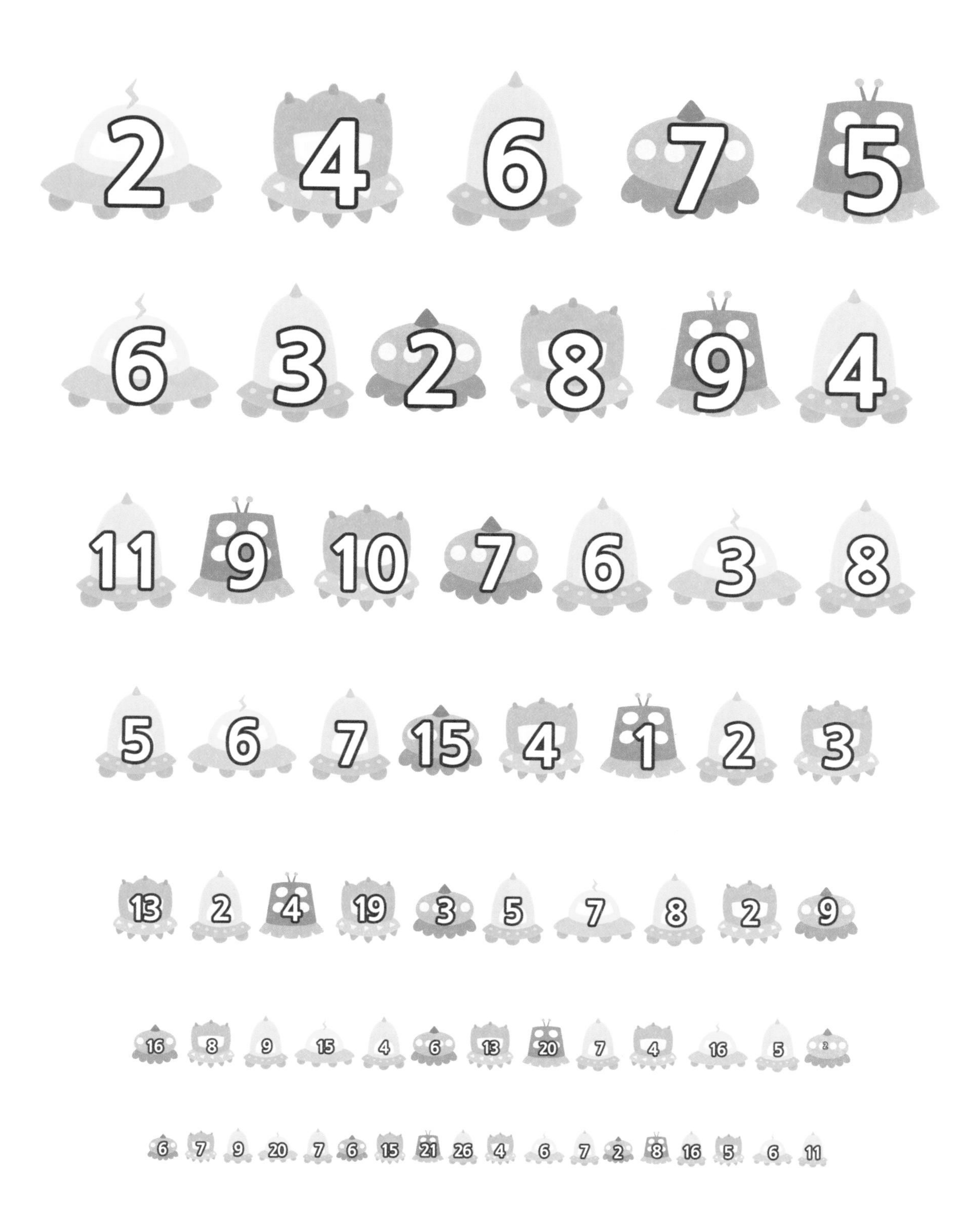

위에서부터 아래로 천천히 숫자를 따라가면서 보아요.
눈을 책에 가까이 가져가지 않으면서 잘 안 보이는 작은 그림을 최대한 보려고 노력해요.
최소 1분 이상 바라보아야 합니다.

우주선을 색칠해요.

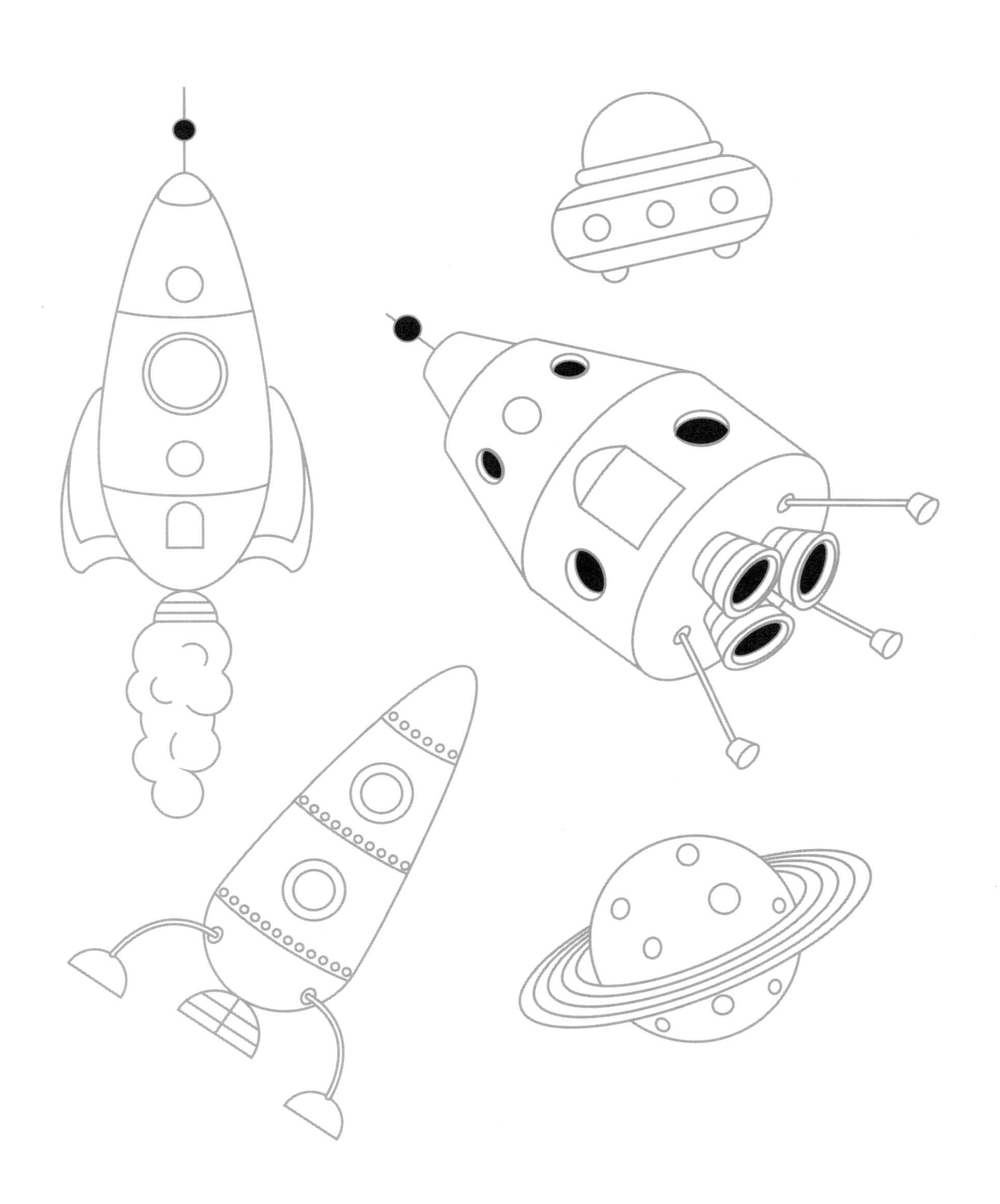

우주선을 색칠해요.

선을 이어서 우주선 모습을 완성해요.

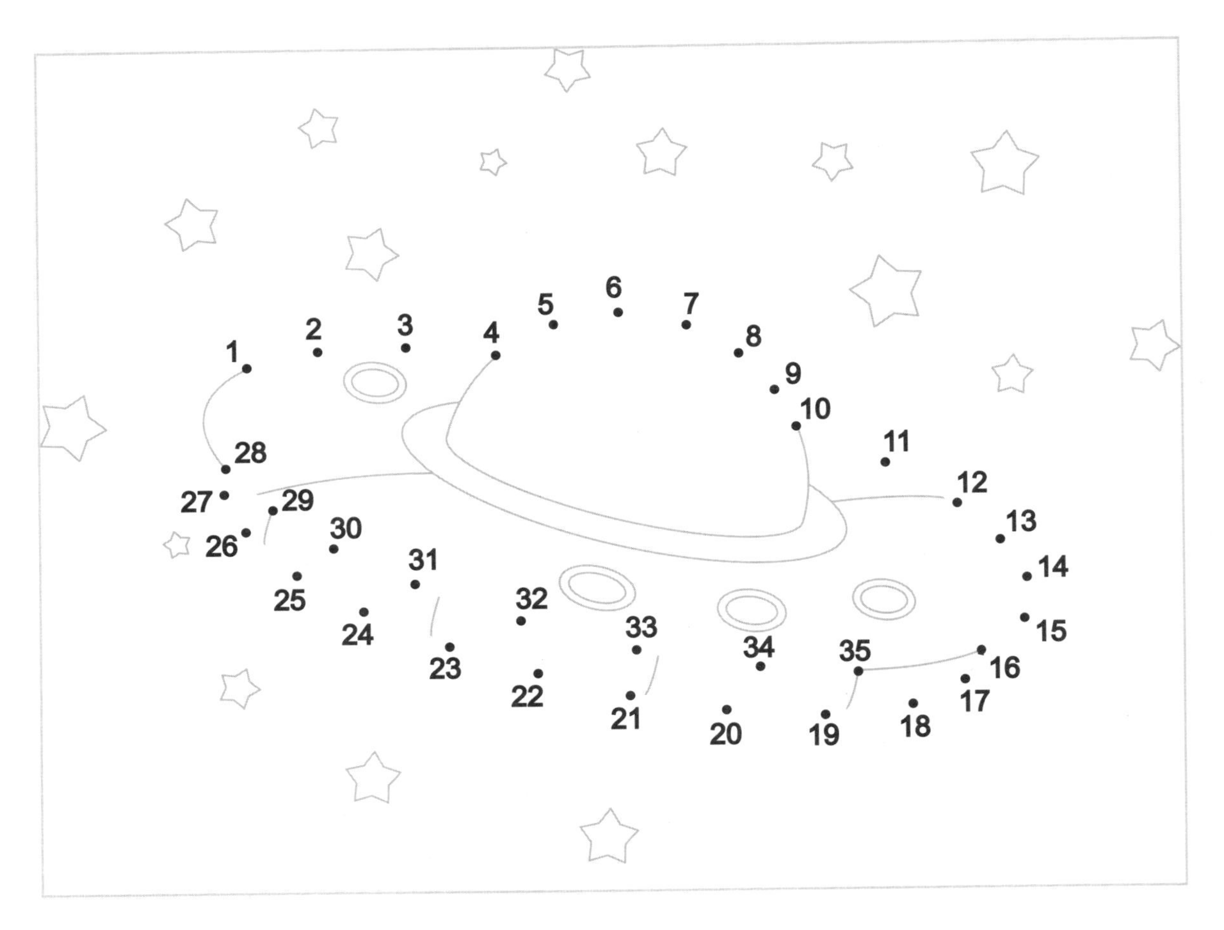

우주선을 색칠해요.

우주선을 색칠해요.

삐약이를 만나러 가요.
누가 삐약이를 만날까요?

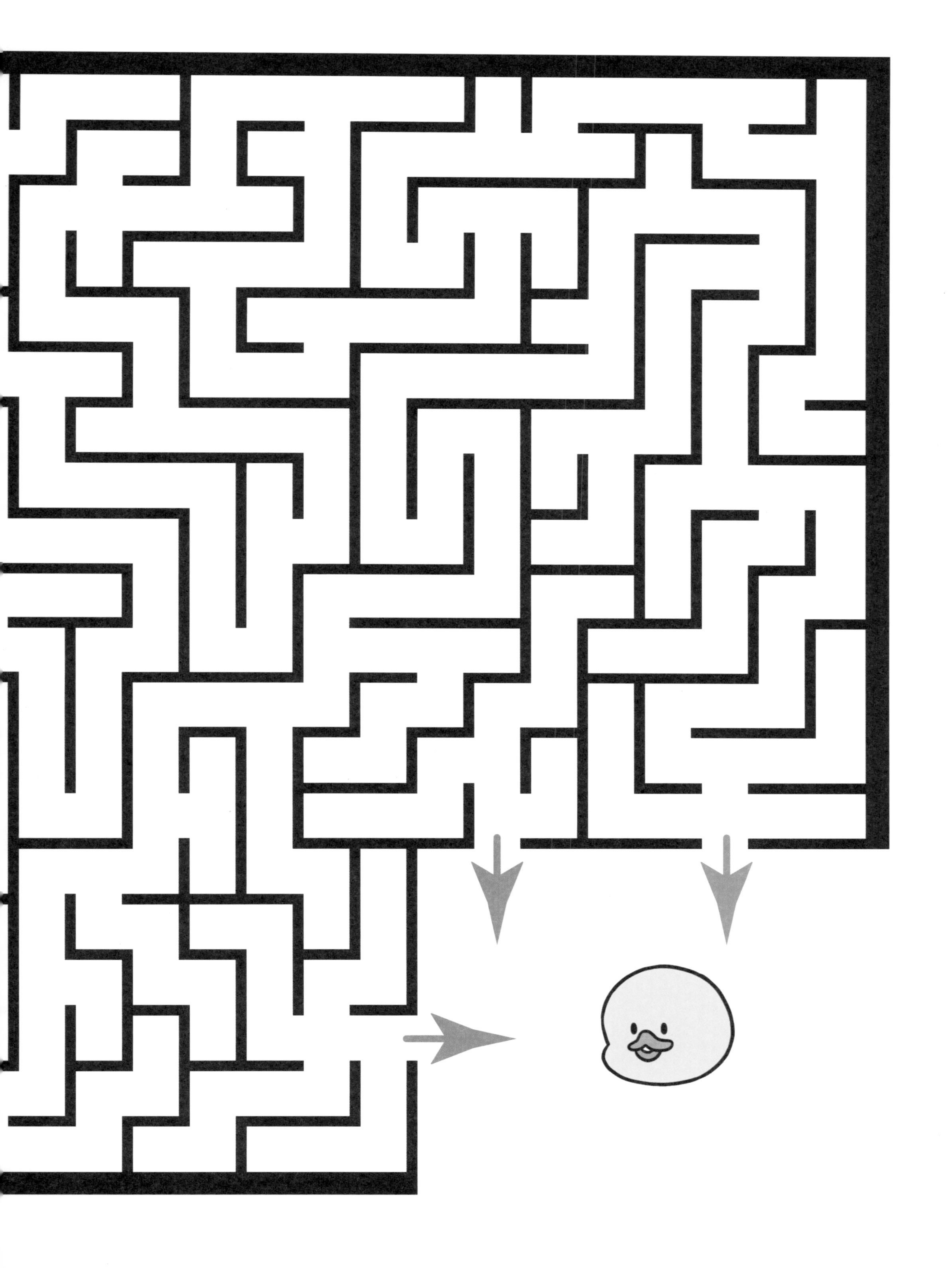

지금은 10시 10분이에요.
보나와 채완은 1시간 35분 후에 삐약이를 만나러 지누쌤에게 가기로 했어요.
아래 시계에는 지금 시각을 표시하고 옆의 시계에는 약속시간을 표시해요.

60
5
10
15
20
25
30
35
40
45
50
55
12
3
6
9

팬더의 그림을 완성하고 색칠해요.

날아가는 우주선을 빠르게 쫓아가요. 최대한 빨리 하늘에서 10바퀴 돕니다.

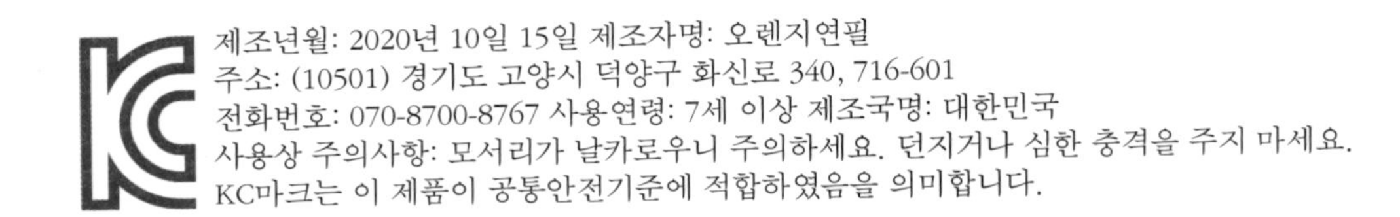

아이의 눈이 좋아지는 놀이책 1권

초판 1쇄 인쇄 | 2020년 10월 15일
초판 1쇄 발행 | 2020년 10월 26일

지은이 | 이혁재 **그린이** | 윤이슬 **펴낸이** | 박찬욱 **펴낸곳** | 오렌지연필
주소 | (10501) 경기도 고양시 덕양구 화신로 340, 716-601
전화 | 070-8700-8767 **팩스** | (031) 814-8769 **이메일** | orangepencilbook@naver.com
본문 | 미토스 **표지** | 강희연

ISBN 979-11-89922-13-9 (14500)
979-11-89922-12-2 (세트)

이 도서의 국립중앙도서관 출판예정도서목록(CIP)은 서지정보유통지원시스템 홈페이지(http://seoji.nl.go.kr)와 국가자료종합목록 구축시스템(http://kolis-net.nl.go.kr)에서 이용하실 수 있습니다. (CIP제어번호 : CIP2020043286)